Mohammed Kouidri
Mohamed Amine Nedjma

O pulgão dourado do pistácio de Laghouat Atlas

AF387444

Mohammed Kouidri
Mohamed Amine Nedjma

O pulgão dourado do pistácio de Laghouat Atlas

Ensaio de avaliação dos efeitos do pulgão dourado

ScienciaScripts

Imprint

Any brand names and product names mentioned in this book are subject to trademark, brand or patent protection and are trademarks or registered trademarks of their respective holders. The use of brand names, product names, common names, trade names, product descriptions etc. even without a particular marking in this work is in no way to be construed to mean that such names may be regarded as unrestricted in respect of trademark and brand protection legislation and could thus be used by anyone.

Cover image: www.ingimage.com

This book is a translation from the original published under ISBN 978-620-6-71277-0.

Publisher:
Sciencia Scripts
is a trademark of
Dodo Books Indian Ocean Ltd. and OmniScriptum S.R.L publishing group

120 High Road, East Finchley, London, N2 9ED, United Kingdom
Str. Armeneasca 28/1, office 1, Chisinau MD-2012, Republic of Moldova, Europe
Printed at: see last page
ISBN: 978-620-7-66421-4

Copyright © Mohammed Kouidri, Mohamed Amine Nedjma
Copyright © 2024 Dodo Books Indian Ocean Ltd. and OmniScriptum S.R.L publishing group

ÍNDICE DE CONTEÚDOS

INTRODUÇÃO

O género Pistacia pertence à ordem Saphindales e à família Anacardiaceae, e é de origem asiática ou mediterrânica (Karimi et al., 2009). O Pistácio do Atlas (Pistacia atlantica) é uma espécie que se estende do sudoeste da Ásia ao noroeste de África (Zohary, 1952). Na Argélia, o Pistachier de l'Atlas cresce de forma selvagem em zonas sub-húmidas, bem como nas regiões do Sara (Kadi-bennane et al., 2005), e o seu limite extremo é o Hoggar (Monjauze, 1980; Seigne, 1985; Al-saghir, 2010). Concentra-se no planalto de Arbaa, no sul de Argel, daí o nome de país dos dayas (Monjauze, 1980). Esta espécie florestal adapta-se a todos os solos, com exceção da areia, e contenta-se com uma pluviosidade reduzida, de cerca de 150 mm, por vezes menos (Benhessaini e Belkhodja, 2004). O seu crescimento é muito lento, mas tem a vantagem de ser a única árvore capaz de organizar ecossistemas pré-florestais em bioclimas áridos e semi-áridos. Na Argélia, o seu cultivo continua a ser reduzido, apesar do seu potencial de adaptação às condições áridas, e a maior parte das regiões agrícolas montanhosas do país são favoráveis à sua propagação. O bétoum desenvolve-se geralmente de forma esparsa e isolada e está sujeito a pressões bióticas e abióticas muito fortes que limitam grandemente a sua expansão e desenvolvimento (Monjauze, 1980). Encontra-se numa situação precária e alarmante devido à sua degradação avançada; a utilização excessiva da sua madeira, as pragas, as doenças e a seca contribuíram para a sua degradação (Benabid, 1986; Benhssaini e Belkhodja, 2004). Infelizmente, muito poucos estudos se debruçaram sobre estes aspectos, e ainda menos revelaram as doenças e pragas que afectam esta espécie (Belhadj et al, 2008; Mansour, 2011; Martinez, 2008, 2009). Estes afídeos estão entre as pragas mais importantes das plantas e, ao longo da sua evolução, desenvolveram capacidades notáveis de adaptação ao ambiente, com elevada fecundidade, métodos de reprodução variados, alternância de indivíduos alados e ápteros e utilização de vários tipos de plantas (Hulle et al., 1998). Os danos Alguns atacam as raízes, mas a maioria vive em folhas, caules, botões, flores ou mesmo frutos. O nosso trabalho consiste em identificar e avaliar os danos causados pelos afídeos nos povoamentos de Pistácio Atlas em três locais da região de Laghouat. O objetivo é caraterizar estes povoamentos do ponto de vista biométrico, identificar e quantificar a presença de diferentes espécies de pulgões, especificando o papel do pulgão dourado e tentando estabelecer uma relação entre os parâmetros biométricos do pistácio e os danos causados por esta espécie de pulgão.

PARTE I
RESUMO BIBLIOGRÁFICO

3

CAPÍTULO 1
DAYA E ATLAS PISTACHIO

Os pistácios são característicos da região mediterrânica (Boudy, 1952). Em todo o mundo, as árvores de estepe como o pistácio do Atlas (Pistacia atlantica Desf.) em bioclimas áridos e o seu estado de degradação exigem uma atenção imediata e efectiva (Benhassain et al., 2004).

1. Les Dayas

1.1. Definição de Daya :

As dayas são pequenas depressões que, nas regiões endóricas do Magrebe, pontuam a superfície rígida dos planaltos protegidos por calcários lacustres ou por uma crosta pedológica (Nesson, 1967). Trata-se de depressões fechadas onde se acumulam águas de escorrência, ou mesmo pequenos wadis. Esta água estagna e permanece durante muito tempo graças aos sedimentos argilosos de baixa permeabilidade que revestem o fundo das depressões (Despois, 1949). Ao contrário dos zahrez e dos sebkhas (impropriamente designados por chotts), onde a água e o solo s ã o muito salinos, os dayas contêm água doce, favorável à vegetação. Estas características explicam a ocupação dos dayas por vegetação herbácea e arborescente, cujo papel económico está longe de ser negligenciável nestes planaltos estepários (Estorges, 1961). Estas depressões, geralmente não marcadas, são assinaladas pelo porte altivo de velhas pistáceas (Pistacia atlantica, em árabe: Bétoum), algumas das quais com várias centenas de anos (Agabi , 1995); o estrato arbustivo é representado por jujubeiras (Zizyphus lotus), que formam frequentemente matagais impenetráveis; por último, o estrato herbáceo é uma pastagem popular para rebanhos de ovelhas. As dayas são também reservas de caça. No século passado, as gazelas e as avestruzes beneficiavam do abrigo e das reservas alimentares proporcionadas pelas dayas; atualmente, só se encontram nas dayas abetardas, lebres, perdizes e gangas. A avestruz foi perseguida e desapareceu na segunda metade do século XIX (Agabi, 1995).

1.2. Origem de dayas

A origem das dayas tem interessado os geomorfólogos. Desde um famoso estudo de Capot-Rey, em 1937, é aceite que estas depressões, muito semelhantes aos sumidouros, são de origem cársica. Resultam do afundamento da crosta superficial ou das camadas calcárias superiores na sequência da dissolução dos sedimentos subjacentes por infiltração de água. Os buracos são raros, mas não

4

totalmente ausentes (Agabi, 1995). Estudos mais recentes, nomeadamente os de Estorges em 1959 e 1961, mostraram que a erosão cársica não é a única causa da evolução das dayas. Existem relatos de dayas atravessadas por um leito de wadi perfeitamente definido; existem também verdadeiros cordões de dayas ligados entre si por troços de wadi. Finalmente, no planalto de Larbaa, que é a região típica das dayas, a sul de Laghouat, existem extensas zonas onde não se verificam fenómenos cársicos. Em suma, Estorges considera que, embora não haja dúvidas quanto à erosão cársica original, o escoamento e a erosão mecânica não alteraram apenas a forma dos dayas em pormenor; a sua ação parece ter sido muitas vezes decisiva (Estorges, 1961).

1.3. Os dayas da região árida e semi-árida de Argélia

Os Dayas são particularmente numerosos na região do Baixo Sara, que é delimitada a sul pelo Mzab chebka, a leste pelo oued Righ, a norte pelo oued Djedi e a oeste pelo oued Zergoum. Esta região é tradicionalmente conhecida como o "País dos Dayas" e é também conhecida como o Planalto de Larbaa ou o Planalto de Arbaa. Existem, evidentemente, dayas fora desta região e os seus nomes são frequentemente utilizados na toponímia, mas em nenhum outro lugar são tão numerosos e desempenham um papel tão importante na vida das pessoas (Taïbi, 1999). Os Larbaa têm as suas pastagens no planalto, mas semeiam cada vez mais cereais nas dayas, em detrimento dos pistácios, que há muito deixaram de se reproduzir. No norte da região e ao longo do Oued Djedi, outros nómadas vêm invernar: os Ouled Naïl do Atlas do Sara, que também cultivam cereais. cereais nas dayas e nos leitos dos wadi. Alguns dayas, há muito cultivados, tornaram-se ilhas de povoamento sedentário no meio da zona estepária e deram o seu nome aos aglomerados que surgiram em contacto com as terras cultivadas (Nesson, 1967).

1.4. Estádios morfológicos de dayas :

De um modo geral, as mais jovens são pequenas (métricas a decamétricas), redondas e pouco profundas. Os mais antigos, relativamente grandes (quilométricos) e de forma irregular, são limitados por declives íngremes, que podem atingir vários metros de altura, e cortam a crosta calcária que cobre as hamadas (Taïbi, 1999).
Segundo Taïbi (1999), cinco etapas de evolução morfológica correlacionadas com a evolução da vegetação foram distinguidas e evidenciadas pela teledeteção por satélite. Os processos de escoamento, de deflação e de dissolução pelo vento

deram às dayas a sua configuração atual e estão na origem da vegetação que as coloniza (Taïbi, 1999).

a) Primeira fase

Durante a primeira fase, as dayas, de pequena dimensão (em média, menos de 30 000 m^2), caracterizam-se por uma grande regularidade de forma: são quase perfeitamente circulares. A sua zona central, inundada durante mais tempo do que os bordos e obstruída por uma formação coluvial franco-arenosa, é colonizada por uma vegetação mais ou menos densa, herbácea (espécies perenes) e arbustiva (Haloxylon scoparium); é rodeada por uma auréola, secando cada vez mais rapidamente em direção aos bordos exteriores e sujeita a um esvaziamento ligeiramente mais longo do que a zona central, caracterizada por uma vegetação esparsa em transição com a estepe circundante (Fig. 1). A subdivisão desta classe em 2 (classes 1 a e 1 b) corresponde unicamente a uma diferença de tamanho (Taïbi, 1999).

b) Segunda fase

Numa segunda fase, à medida que a daya se aprofunda, a jujubeira (Zizyphus lotus) elimina progressivamente a associação vegetal anterior (Fig. 1 b). Estas dayas, com uma dimensão média inferior a 100 000 m^2 , têm ainda formas próximas do círculo (Taïbi, 1999).

c) Terceira fase:

A fase seguinte é o estrato arbóreo. O bétum (Pistacia atlantica) desenvolve-se no abrigo dos arbustos de jujuba, sendo a vegetação herbácea empurrada para a periferia extrema da daya (Fig. 1 c). De um modo geral, o centro das dayas é então coberto por formações vegetais densas com árvores, rodeadas por uma vegetação herbácea e arbustiva cada vez mais solta (Taïbi, 1999).

d) Quarta fase:

As dayas com uma evolução morfológica mais longa apresentam uma organização concêntrica ainda mais diferente: o centro está nu, com uma vegetação mais ou menos densa confinada à periferia, o que indica uma longa evolução que culmina com a secagem da zona central, eliminando progressivamente toda a vegetação (Fig. 1d). Na periferia extrema, surge uma vegetação de transição para a estepe.

Estas grandes dayas (superfície média de 170 000 m2) correspondem a um estádio avançado de evolução, para o qual se podem definir estádios intermédios. Por fim, a zona central nua estende-se até ao desaparecimento total da vegetação. A daya está então morta, a zona central completamente nua ou colonizada por uma estepe bastante frouxa de esparto (Stipa tenacissima) e espartum (Lygeum spartum) é rodeada por uma auréola de vegetação rasteira muito esparsa (Taïbi, 1999).

e) Quinta fase

Nesta fase, as dayas são as maiores (superfície média superior a 300 000 m^2), têm formas contornadas e são delimitadas por falésias. No entanto, a sua evolução morfológica nem sempre segue os mesmos processos que os das outras classes. A sua dimensão não é necessariamente representativa de uma evolução mais longa do que as outras, mas muitas vezes da exploração de um talvegue pré-existente (Taïbi, 1999).

Figura 1: Morfologia e vegetação das dayas desde a fase incipiente até à fase adulta

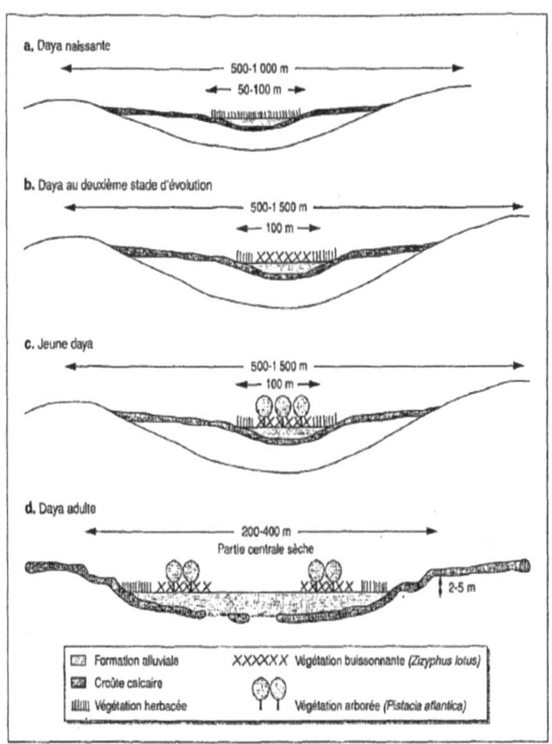

Fonte: (Taïbi, 1999).

2. Pistácio do Atlas (Pistacia atlantica Desf.)

O pistácio-do-Atlas (Pistacia atlantica Desf.) é uma árvore cuja principal área de distribuição se situa no Norte de África (Marrocos, Argélia e Tunísia). Encontra-se também nas Ilhas Canárias, na Líbia (Cirenaica), em Chipre e no Próximo Oriente (Quézel et Médail, 2003).
O pistácio do Atlas é uma espécie bastante comum na Argélia, mas desenvolve-se em regiões áridas e semi-áridas, nomeadamente nas Hautes-Plaines1 , onde se desenvolve em leitos de wadi e dayas (Harfouche et al, 2005).

2.1. Características botânicas do pistácio de l'Atlas

O pistácio Atlas key é uma árvore de folha caduca que pode atingir uma altura de 15 a 25 metros. É conhecido pela sua longevidade: as árvores com uma circunferência de 2,5 m têm cerca de 200 anos e algumas das mais antigas chegam a ter 300 anos (Monjauze, 1968). Podem atingir os 300 anos (Monjauze, 1968). A casca é primeiro vermelha, depois acinzentada, bastante clara, depois torna-se um ritidoma duro e fissurado. A folhagem é esférica quando jovem, tornando-se hemisférica mais tarde. As suas raízes são muito enraizadas, atingindo profundidades de 5 m (Monjauze, 1980).

2.2. Sistemática :

Classificação botânica de Pistacia atlantica Desf. (Yaaqobi et al., 2009) :

Reino: Plantae **Filo:** Tracheobionta **Superdivisão:** Spennarophyra **Divisão:** Magtioliophyra
Classe: Magnoliopsida **Subclasse:** Rosidae **Ordem:** Sapindoles **Família:** Anacardiaceae **Género:** Pistacia
Espécies: Pistacia atlantica

2.3.Zona de distribuição do pistácio l'Atlas

2.3.1. Distribuição do Pistácio do Atlas no mundo

A Pistacia atlantica é uma espécie mediterrânica comum na Berberia, encontrando-se também no Médio Oriente, no deserto e estepe da Síria e no Irão (Boudy, 1955). Encontra-se também na Crimeia e no Afeganistão (Seigue, 1985). Somon (1987) refere que o pistácio do Atlas é uma árvore originária do Norte de África. Alguns autores são unânimes em afirmar que é endémico do Norte de África, onde se encontra no norte do Sara (Fig. 2), nas Dayas, no sopé do Atlas Saariano argelino e marroquino (Quézel et Santa, 1963; Ozenda, 1991).

Figura 2: Área de distribuição natural da Pistacia atlantica (Al-Saghir, 2006)

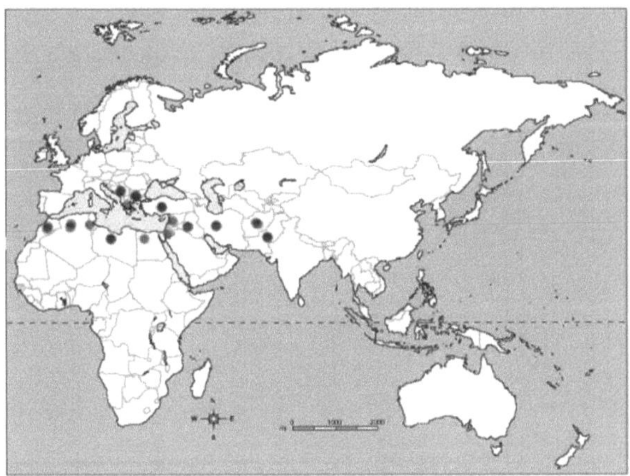

2.3.2. Zona de distribuição do pistácio do Atlas em Argélia

É uma espécie endémica e uma das plantas não cultivadas protegidas na Argélia (Kaabeche et al., 2005). De acordo com Boudy (1952), na Argélia encontra-se (Fig. 3) dispersa nas florestas quentes do tell meridional, mas sobretudo na região estepe-desértica dos planaltos e do Saara setentrional, onde só se encontra nas seguintes zonas dos Dayas. Encontra-se por vezes nas montanhas do Atlas Saariano (região de Ain Sefra) e nos planaltos de Oran. O Bétoum é uma árvore por excelência das dayas do sopé meridional do Atlas saariano, cujo limite extremo se situa no coração do Hoggar, onde existe como relíquia (Manjauze, 1980). Encontra-se principalmente na zona de transição entre a estepe e o tell.

Figura 3: Distribuição de Pistacia atlantica na Argélia (Monjauze, 1968)

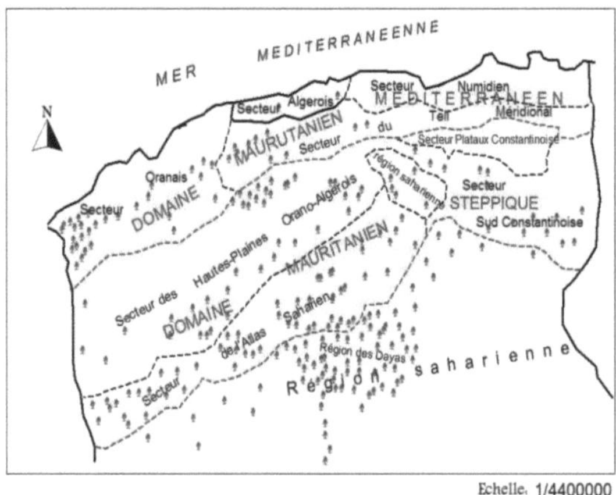

2.4. Descrição morfológica :

O género Pistacia, que pertence à família das Anacardiaceae, inclui numerosas espécies que se encontram disseminadas nas regiões do Mediterrâneo e do Médio Oriente. O pistácio do Atlas (Pistacia atlantica Desf.), vulgarmente conhecido por El Betoum ou Botma em árabe, é uma espécie lenhosa e espontânea que pode atingir 15 m de altura. A árvore tem um tronco individualizado com uma folhagem hemisférica (Quézel et Santa, 1963). As suas folhas compostas são constituídas por sete a nove folíolos, as flores encontram-se em cachos soltos e os frutos são drupas do tamanho de ervilhas (Ozenda, 1983).

2.4.1. Folhas :

Decídua, semi-perene, alternando com ráquis finamente alada, irregularmente imparipinada com 5 a 11 folíolos ímpares, os pares numerados de 3 a 4 inteiros, oblongo-lanceolados (2,5 a 5 × 1 a 1,5 cm), obtusos no ápice, sésseis e glabros (Somon, 1987), com cerca de 8 a 20 cm de comprimento (Boulos, 2000). O pecíolo não é alado e tem 3 a 5 cm de comprimento. A ráquis é achatada e pouco alada (Zohary, 1987). A sua cor varia entre o verde escuro na superfície superior e o verde claro na superfície inferior (Khaldi e Khouja, 1995). São ligeiramente coriáceas e raramente medem mais de 12 cm de comprimento total, sendo a sua maior largura no terço inferior da lâmina foliar (Foto 1). No outono, coram oportunamente nos jardins (Manjauze, 1980).

Foto 01: Folha de Pistácio Atlas na zona de estudo (início de outubro, Mrigha 2017)

2.4.2. A inflorescência :

O pistácio Atlas tem uma inflorescência em forma de racemo. A floração começa em meados de março, imediatamente antes da formação da folhagem (Yaaqobi et al., 2009).

2.4.3. Flores :

As flores masculinas e femininas nascem em plantas diferentes. No entanto, foram observadas algumas plantas monóicas cujas flores masculinas e femininas nascem em ramos diferentes. Não foi observado hermafroditismo. As flores são pequenas em panículas axilares e são apétalas. São flores regulares com uma tendência para a zigomorfía (Yaaqobi et al., 2009).

2.4.4. O fruto :

O fruto é uma drupa, cujo nome vernáculo é "Khodiri". É consumido pela população local (Belhadj et al., 2008). A frutificação começa no final de março e o fruto atinge a maturidade em setembro (Yaaqobi et al., 2009).

2.4.5. A casca

A casca apresenta fissuras longitudinais (Khaldi e Khouja, 1995), e produz uma resina de betume que naturalmente exsuda abundantemente em tempo quente (Belhadj, 1999).

2.4.6. Outras personagens

a) Crescimento :

Segundo Quézel e Medail (2003), o crescimento é muito lento no estado
selvagem, mas nas plantações de regadio é bastante rápido (30 cm/ano, por
vezes mais). Pode viver cerca de 300 anos.

b) Regeneração :

A regeneração natural do Betum permanece muito incerta e difícil,
principalmente devido à dureza dos tegumentos, que inibe a germinação. Rejeita
bem os cepos (Boudy, 1952). De acordo com Riedacker (1993), a taxa de
germinação em viveiros dificilmente excede 20%.

c) Polinização :

Apenas as flores das plantas masculinas atraem as abelhas, que recolhem
ativamente o pólen. No entanto, estas não desempenham qualquer papel na
polinização porque as flores femininas não são visitadas. A polinização continua
a ser exclusivamente anemófila (Yaaqobi et al., 2009).

d) Entomologia :

Estes incluem o pulgão dourado, que causa bolhas ou galhas nas folhas (Belhadj,
1999) e é sensível ao Verticillium dahliae (Monastra et al., 2005).

2.5. Requisitos ecológicos

É uma das raras espécies arbóreas que ainda se encontram em regiões semi-
áridas, áridas e mesmo saharianas. Esta plasticidade excecional em relação à
seca atmosférica poderia ser a sua principal caraterística, mas não é menos
indiferente à natureza do solo e pode ocupar as situações mais extremas da sua
área de distribuição botânica (Manjauze, 1980). É uma espécie principal que se
encontra atualmente em estado disseminado, que se adapta às condições
climáticas áridas e pode viver nas condições ecológicas mais severas (Boudy,
1952).

2.5.1. Requisitos clima

a) Precipitação :

Esta espécie não necessita de muita pluviosidade, pois encontra-se na Mitidja com pluviosidade superior a 1000 mm por ano e no sul em Ghardaïa com 70 mm por ano (Manjauze, 1980).

b) Temperatura

De acordo com Larouci e Ruibat (1987), o pistácio Atlas é uma espécie heliófila e é resistente tanto a temperaturas baixas como a temperaturas elevadas. Pode crescer de -1 2°C a mais de 49°C (Kaska, 1994).

2.5.2. Requisitos

Indiferente ao tipo de solo (Zohary, 1996), o Betum é muito pouco exigente do ponto de vista edáfico, adaptando-se a uma vasta gama de solos: desde os solos ácidos siliciosos até aos solos calcários da Síria, com exceção dos solos arenosos (Boudy, 1955). Solos argilosos e depósitos aluviais de planície: Encontra-se muito raramente em rochas calcárias em montanhas secas, está confinada a depressões (Boudy, 1952). A espécie desenvolve-se bem em solos argilosos ou siltosos, embora possa também desenvolver-se em rochas calcárias (Khaldi e Khouja, 1996).

2.5.3. Altitude

De acordo com Boudy (1952) e Monjauze (1968), esta árvore cresce melhor entre 600 e 1200m. Pode atingir uma altitude de 2000 m nas montanhas secas. E, segundo Zohary (1952), até 3000 m a leste da sua área de distribuição. Segundo Belhadj et al (2008), a espécie encontra-se a 107 m (estação de Guerrara).

2.6.Interesses

2.6.1. Agro- valor ecológico

É utilizada para a reflorestação nos locais mais severos para combater a desertificação. Desempenha igualmente um papel na conservação dos solos e é utilizada como quebra-vento para fixar as dunas. É um excelente porta-enxerto para o pistácio verdadeiro, que é mais resistente à asfixia radicular do que outras espécies do género Pistacia. É uma fonte de energia, utilizando a sua madeira para cozinhar e aquecer as regiões onde as condições de vida são particularmente pobres. É uma fonte de sombra: os animais encontram na P. atlantica um bom refúgio do calor e da radiação solar. A árvore é muitas vezes a única árvore da região (Chaba et al., 1991).

2.6.2. Juros económicos

O seu interesse é o seguinte: Porta-enxerto para Pistacia vera, devido à sua resistência à aridez, ao seu sistema radicular demasiado potente e às suas baixas exigências climáticas (Daneshard et al., 1980 in Maamri, 2008).As populações locais que vivem perto de populações de Pistacia atlantica Desf. utilizam estes frutos como alimento e fornecem um óleo comestível. (Chaba et al., 1991). Este óleo é extraído das sementes, que contêm cerca de 55% (Daneshard et al., 1980 in Maamri, 2008). O pistácio do Atlas é uma espécie de reflorestação, com cerca de 100 hectares reflorestados por ano no âmbito da Barragem Verde (Chaba et al., 1991).

2.6.3. Benefícios medicinal

Produção de óleo com elevado valor nutritivo: o óleo extraído das sementes apresenta perspectivas interessantes. As drupas do pistácio do Atlas têm um rendimento em óleo muito apreciável de cerca de 40%, em comparação com as de outras espécies como a soja (20 a 22%), a azeitona (20 a 25%). A análise deste óleo evidenciou a sua composição em vários constituintes bioquímicos, tais como: estruturas de hidratos de carbono (ácidos gordos estaturados e ácidos gordos insaturados), esteróis e várias vitaminas (A e E). A casca produz uma resina de aroeira. As populações locais utilizam-na para fins medicinais. As folhas e a casca são utilizadas numa decocção para tratar as dores de estômago. Quando inaladas, as folhas são utilizadas como febrífugo. As galhas são utilizadas em pó, sozinhas ou em combinação com a noz-amarela, como agente antidiarreico e estomacal (Lamnaouer, 2002).

2.6.4. Valor forrageiro

A Pistacia atlantica é uma espécie valiosa devido aos vários benefícios que as suas folhas podem proporcionar. Em tempos de escassez de alimentos, a árvore pode fornecer ao gado até 0,35 unidades de forragem.

CAPÍTULO 2
APHIDS

A superfamília Aphidoidea compreende cerca de 4.000 espécies de insectos da ordem Hemiptera, divididas em dez famílias. Destas espécies, cerca de 250 são pragas agrícolas ou florestais, geralmente designadas por "afídeos". ". O seu tamanho varia de um a dez milímetros de comprimento (Fraval, 2006).

2.1. Sistemática

De acordo com Iluz (2011), os afídeos são classificados da seguinte forma

Reino: Animalia **Filo**: Arthropoda **Classe**: Insecta
Ordem : Hemiptera

Subordem: Stemorrhyncha **Super família**: Aphidoidea **Família**:Aphididae
Adelgidae Eriosomatidae Phylloxeridae
Segundo o mesmo autor, a subordem Stemorrhyncha inclui também outros insectos como os psilídeos, as moscas brancas e as cochonilhas.

2.2. Descrição

Os afídeos são pequenos insectos de 1 a 4 mm que vivem em colónias em muitas culturas e ervas daninhas. Todos os indivíduos têm um par de cornicelas geralmente bem desenvolvidas na parte posterior do abdómen, uma cauda de comprimento variável, antenas e um seio frontal (Fig. 4). Todos estes órgãos são característicos de cada espécie (Leclant, 1999).

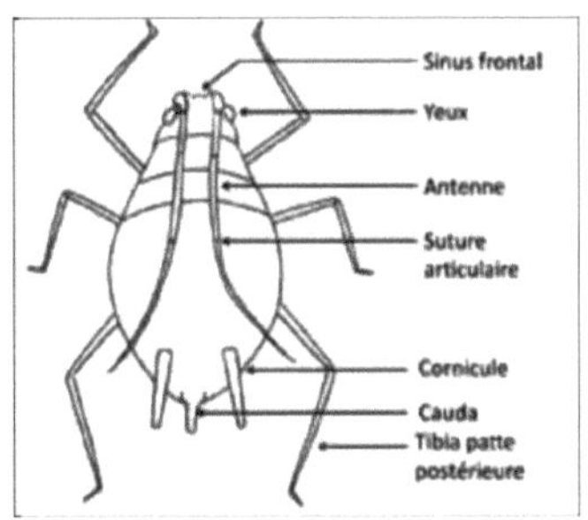

Figura 4: Esquema de um afídeo (Godin e Boivin, 2000)

Os afídeos têm um rostro (um estilete que morde e suga) no lado ventral da cabeça. Existem 4 estádios larvares separados por uma muda (ou exúvia) e um estádio adulto. As larvas assemelham-se muito aos adultos da forma sem asas (Fig. 5). Na forma alada, as asas desenvolvem-se progressivamente de estádio para estádio. Uma mesma colónia pode conter tanto formas com asas como sem asas. As formas com asas aparecem principalmente em caso de sobrepopulação e migram para outras plantas (Leclant, 1999).

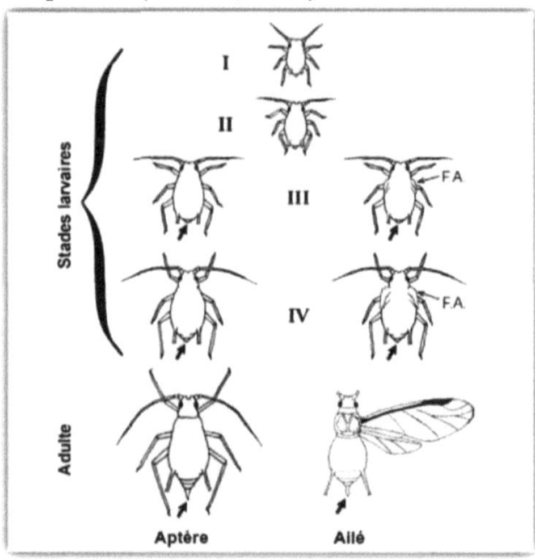

Figura 5: Fases de desenvolvimento do afídeo (Godin e Boivin, 2000)

2.3. Biologia

Muitas espécies de afídeos têm um hospedeiro primário (arbustos) e hospedeiros secundários (plantas herbáceas). No outono, após o acasalamento, a fêmea deposita os ovos de inverno no hospedeiro primário e, durante o resto do ano, as populações são constituídas exclusivamente por fêmeas vivíparas e partenogenéticas (que dão origem a larvas jovens sem necessidade de acasalamento). No entanto, sob abrigo, os afídeos podem permanecer nos seus hospedeiros secundários durante todo o ano. Quando a espécie é específica, as fêmeas podem pôr ovos neste hospedeiro. A população desenvolve-se em focos, quer a partir de plantas infestadas, quer a partir de adultos. Os focos primários espalham-se de planta em planta e os afídeos alados que aparecem provocam uma disseminação geral dos afídeos na cultura (Simon, 2007). Os afídeos, especialmente no caso dos Aphis, são muitas vezes detectados por formigas que procuram melada nas plantas ou pela observação de restos de muda (exúvias)

(Robert, 2008). Em condições de abrigo, os afídeos podem multiplicar-se muito rapidamente. O tempo de desenvolvimento é fortemente influenciado pela temperatura e, a 20°C, dura cerca de 1 a 2 semanas (Robert, 2008). Os afídeos podem ser encontrados nas folhas (superfícies superior e inferior), no coração das plantas, nos caules, nos corredores, nas flores e nos frutos (Simon, 2007).

2.4. Danos

Os afídeos alimentam-se exclusivamente de plantas. Introduzem os seus estiletes nos tecidos e extraem a seiva depois de emitirem saliva, por vezes tóxica. Enfraquecem a planta e excretam gotículas de melada, uma substância açucarada sobre a qual se podem desenvolver fungos negros ou fumagina, limitando a fotossíntese e depreciando comercialmente os frutos afectados (Leclant, 2001). Os danos estão ligados à densidade populacional e à sua localização na planta. Durante as suas picadas, os afídeos são capazes de transmitir partículas virais. Desempenham um papel importante na propagação das viroses. Assim, são perigosos porque são necessários apenas alguns indivíduos para causar danos (Simon et al, 2007).

2.5. Pulgões do pistácio de l'Atlas

Sete afídeos específicos da espécie hospedeira, subfamília Pemphiginae, género Fordini (Blackman e Eastop, 1994), induzem galhas nas árvores de Pistacia atlantica Desf. Quatro destas espécies são consideradas as mais comuns na Palestina (Laine, 1995): Slavum wertheimae, Smynthurodes betae West (Foto 2), Geoica utricularia (Foto 3) e Forda riccobonii (Foto 4).

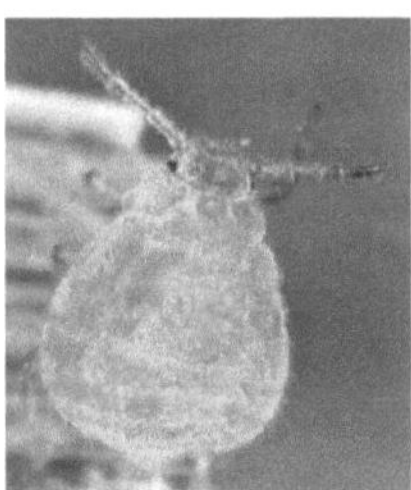

Foto 02: Smynthurodes betae

Foto 03: Geoica utricularia

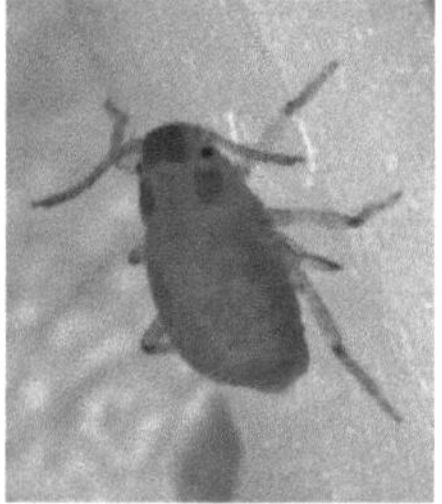

Foto 04: Forda riccobonii

As duas primeiras espécies têm um ciclo de vida bem conhecido (homocíclico) (Laine, 1995; 2003). Até à data, nenhum estudo se debruçou especificamente sobre a ecologia da população de Forda riccobonii (Martinez, 2009). Este afídeo tem um ciclo de vida complexo, formando duas galhas diferentes na árvore hospedeira. primavera, é uma pequena esfera vermelha (<5 mm) na nervura central dos tratos (Foto 5), muito semelhante às formadas por Smynthurodes betae.

Foto 05: Pequenas galhas vermelhas esféricas nas folhas dos pistacheiros d'Atlas
Fonte: original (Mri'gha, fevereiro de 2017)

A segunda forma uma sequência de um número variável de câmaras esféricas vermelhas articuladas nas margens da folha (Martinez, 2008). (Foto 6).

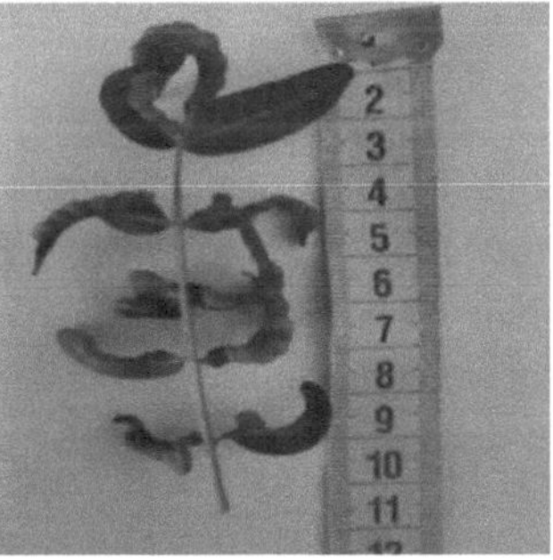

Foto 06: Galhas esféricas articuladas nas margens das folhas (Mri'gha, fevereiro de 2017)

Se o tamanho da galha desempenha um papel na forma física dos afídeos ou na taxa de ataque dos inimigos. No outono, os afídeos alados da terceira geração deixam a fenda e voam para Poaceae vizinha (hospedeiro secundário), onde se reproduzem parteno-geneticamente durante várias gerações de Virgogeniae apterae (Wertheim, 1954). Na primavera seguinte, os pulgões alados dos ninhos de outono voam de volta para o seu hospedeiro principal, localizando-se e produzindo uma geração sexual, que é parceira. O ovo fertilizado permanece no corpo da fêmea morta, persiste durante todo o ano e na primavera seguinte completa um ciclo de 2 anos (Laine, 2003). Laine (1995) indicou que esta espécie de afídeo está concentrada num pequeno número de árvores que coloniza fortemente (alta densidade de galhas em cada árvore colonizada, a que chama alta densidade condicional).Martinez e Wool (2003, 2006) mostraram que as árvores que crescem ao longo das estradas eram mais frequentemente parasitadas pelo pulgão Forda riccobonii do que as árvores mais afastadas, e que suportavam mais galhas neste ambiente perturbado.Martinez (2008) referiu que Slavum wertheimae reduz a taxa de colonização de outras pulverizações de afídeos, incluindo Forda riccobonii, ao parar o desenvolvimento de rebentos de P. atlantica. Inbar e Wool (1995) detectaram provas de partilha de recursos entre Forda riccobonii e S. betae. Na Palestina, poucas espécies de insectos atacam ou vivem dentro de crias de afídeos em árvores de Pistácia. O pistácio atlas, uma árvore não florestal, é um destes recursos pouco conhecidos. Só recentemente é que os serviços ambientais e outros serviços em todo o mundo estão a prestar mais atenção a este recurso (Bellefontaine, 2001). O pistácio do Atlas é uma das espécies mais resistentes das zonas estépicas áridas, sujeita a condicionalismos edafo-climáticos, por um lado, e a ataques parasitários, por outro.

CAPÍTULO 3
MATERIAIS E MÉTODOS

A abordagem metodológica utilizada neste estudo consiste em efetuar medições dendrométricas em povoamentos de pistácio Atlas em 3 locais da região de Laghouat. Foram efectuadas várias saídas em três locais: dois povoamentos em jardins na cidade de Laghouat e um povoamento natural (daya) na região de El Khneg. O trabalho consistiu em analisar o estado sanitário do pistácio através da determinação do grau de infestação por pulgões, nomeadamente o pulgão dourado.

3.1. Localização da região de estudo :

A wilaya de Laghouat situa-se a 400 km a sul de Argel, na estrada Argel-Ghardaïa. Situa-se a uma altitude de 767 m no flanco sul do Atlas do Sara. Cobre uma superfície de 25 052 km^2 (Amghar e Kadi Hanifi, 2002) (Fig. 6). Faz fronteira a norte com a wilaya de Tiaret, a sul com a wilaya de Ghardaïa, a leste com a wilaya de Djelfa e a oeste com a wilaya de El Bayadh.

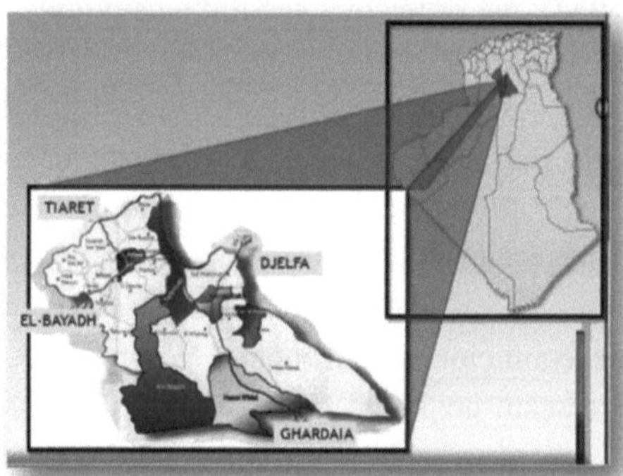

Figura 6: Localização da wilaya de Laghouat

A wilaya é caracterizada por um relevo e formações de planícies de estepe elevadas que cobrem uma superfície de 1 082 292 ha, ou seja, 89% da superfície da wilaya. O resto do território é constituído por: 100.665 hectares de floresta, com uma taxa de florestação de 8%; 27.548 hectares de terras agrícolas, ou seja, 2%, plantadas com diversas culturas: cereais (cevada, trigo duro, trigo mole, aveia), forragens (luzerna), produtos hortícolas (batata, tomate, cebola) e árvores. Por fim, as terras improdutivas (dunas, depressões e zonas urbanizadas) cobrem 5 650 ha, ou seja, 1% (Salemkour et al, 2013).

A zona do Atlas do Sara caracteriza-se por altitudes que variam entre 1 000 e mais de 1 700 m, com declives que vão de 12,5 a 25%. Esta zona, situada no noroeste da Wilaya (regiões de Aflou e de Brida), é constituída por maciços florestais antigos que cobrem uma superfície de 1.000 a 1.700 m. A zona dos Altos Planaltos e dos Planaltos Saharianos é constituída por terras aráveis que cobrem 47.095 ha, por leitos de alfa que cobrem 315.125 ha e por pastagens e pastagens que cobrem 1.531.766 ha. A zona dos planaltos e dos planaltos saharianos caracteriza-se por altitudes que variam entre 700 e 1.000 m e declives de 0 a 3% (D.P.A.T, 2010).

3.2. Clima

3.2.1. Precipitação

A precipitação mais elevada foi registada em setembro (27,02 mm), enquanto a mais baixa foi registada em julho (6,33 mm). A precipitação anual acumulada ao longo de 19 anos é de 165,97 mm (Tab.1).

Quadro 1: Precipitação média mensal para o período 1996-2014 na região de Laghouat.

Mês	J	F	RM	A	M	J	JT	A	S	O	N	D	Média
P mm)	13,52	6,81	11,49	18,98	10,20	9,65	6,33	12,27	27,02	19,72	19,49	10,49	165,97

Fonte: ONM, 2015.

Na região de Laghouat, a precipitação anual é irregular e baixa, com o valor mais baixo de 62,7 mm registado em 1998 e o valor mais alto registado em 2011, com 285,2 mm (Fig. 7).

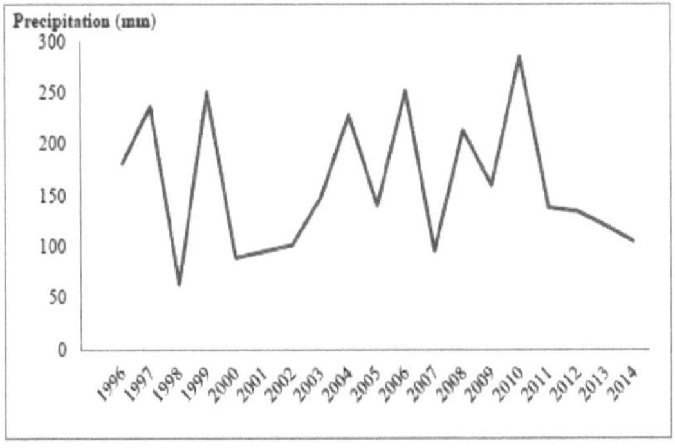

Figura 7: Precipitação interanual na região de Laghouat (1996-2014).

3.2.2. Temperatura

A temperatura máxima média atingiu **31,16°C** em julho. Em janeiro, por outro lado, a temperatura mínima média foi de **8,47°C**. A temperatura máxima mensal foi de 39,68°C em julho, enquanto a temperatura mínima mensal foi de 1,84°C em janeiro (Tabela 2).

Quadro 2: Temperatura média mensal durante o período (1996-2014) na região de Laghouat.

Mês	J	F	RM	A	M	J	JT	A	S	O	N	D	Média
T max.(°C)	15,09	16,70	21,03	24,92	29,83	35,70	39,68	39,09	31,12	25,63	18,57	15,31	
T min. (°C)	1,84	2,69	6,01	9,44	14,53	18,99	22,64	22,34	17,75	12,43	5,85	2,55	
Temperatura média (°C)	8,47	9,70	13,52	17,18	22,18	27,35	31,16	30,72	24,44	19,03	12,21	8,93	18,74

Fonte: ONM, 2015.

T max. temperatura média máxima mensal em (**°C**). **T min.** temperatura mínima mensal média (**°C**). **T.avg.**: temperatura média mensal em °C.

A figura 8 mostra que as temperaturas médias anuais variam entre 17,7°C e 20°C. O ano mais frio foi 2005, com 17,7°C, enquanto o ano mais quente foi 2001, com 20°C.

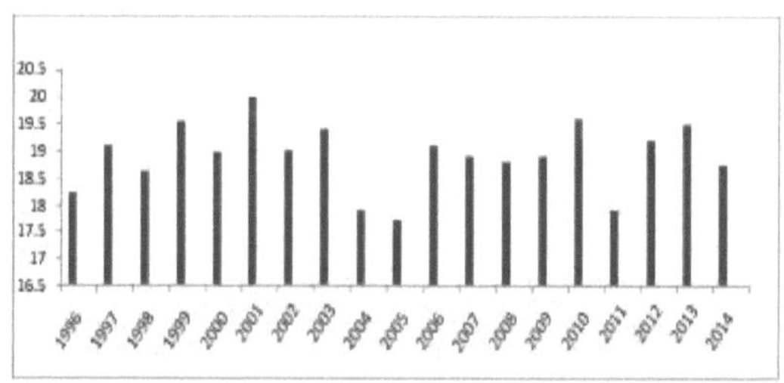

Figura 8: Variação interanual das temperaturas na região de Laghouat (1996-2014).

Os outros parâmetros climáticos forneceram uma imagem mais clara do aspeto bioclimático da região.

3.2.3. Humidade relativa do ar

A humidade mais elevada foi registada em dezembro, com 49,66%, e a mais baixa em julho, com 20,44% (Quadro 3).

Quadro 3. Humidade relativa mensal para o período 2001-2013.

Mês	J.	F.	M.	A.	M.	J.	J.	A.	S.	O.	N.	D.
H %	47,22	41,27	30,61	32,61	28,66	25,33	20,44	22,94	33,33	39,83	45,88	49,66

Fonte: ONM, 2014

3.2.4. Vento

A frequência e a intensidade dos ventos são também uma caraterística da climatologia do Sara. Desempenham um papel considerável, provocando o esvaziamento e a corrosão do relevo, mas também actuam sobre as plantas, sobretudo sobre as suas partes aéreas, acentuando a evapotranspiração (Ozenda, 1983). Embora o vento em si não tenha nada de excecional no deserto, os seus efeitos são marcantes. O vento constitui um constrangimento importante para certas culturas no Sara. A velocidade média do vento durante o período de 1996-2013 foi de 3,43 m/s, com um valor máximo de 4,88 m/s em julho (quadro 4).

Quadro 4: Velocidades mensais do vento registadas no período 1996-2013 em Laghouat

Mês	J.	F.	M.	A.	M.	J.	J.	A.	S.	O.	N.	D.	Média
Velocidade do vento (m/s)	2.96	3.52	3.66	4.37	3.92	3.55	4.88	3.11	3.06	2.49	2.79	2.85	3.43

Fonte: ONM, 2014

A velocidade do vento é irregular na região de Laghouat, com um valor máximo de cerca de 5,6 m/s registado em 1999 (Figura 9).

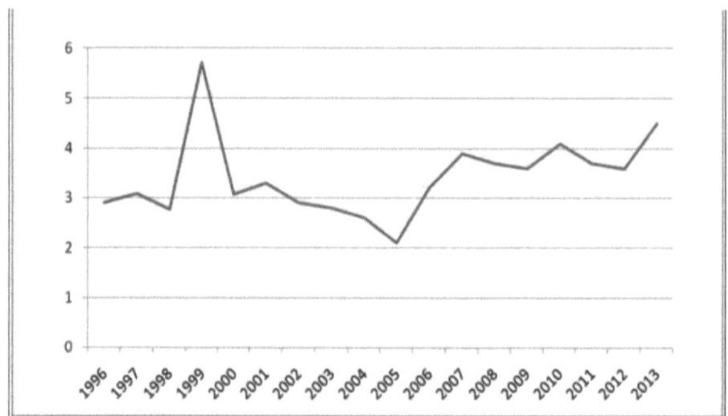

Figura 9: Velocidade anual do vento na região de Laghouat (1996-2013).

a) O sirocco

Trata-se de um vento quente e seco, mas que contribui para aumentar a evapotranspiração. Ocorre nos meses mais quentes do ano e é muito frequente no verão. Este vento muito quente e seco sopra de sudoeste, carregado de areia, durando por vezes vários dias e matando as plantas dos oásis mais delicados. Também acumula areia à volta de certas plantas e enterra-as. Se não forem limpas, sucumbem (Dubief, 1951).

b) As tempestades de areias

A frequência das tempestades de areia está diretamente relacionada com a intensidade dos ventos que sopram sobre a zona estepária durante o ano. Segundo Dubief (1959), uma tempestade de areia é um vento turbulento, de qualquer intensidade, que sopra sobre uma superfície de pelo menos alguns quilómetros quadrados e que transporta partículas de areia em quantidade e diâmetro tais que obstruem a visão de um observador de pé, munido de óculos de areia. Este fenómeno é muito frequente durante a estação mais quente, nomeadamente e m julho e agosto.

3.2.5. Geleia

A geada é uma forma de precipitação atmosférica que aparece logo que a temperatura desce abaixo de zero (Bahri, 2007). A tabela abaixo mostra que a geada foi muito severa em janeiro, com uma duração de 8,25 dias (Tabela 5).

Quadro 5: Número de dias de geada na região de Laghouat (2001-2012).

Mês	J.	F.	M.	A.	M.	J.	J.	A.	S.	O.	N.	D.
Número de dias com geada	8.25	4.25	0.25	00	00	00	00	00	00	00	0.08	5

Fonte: ONM, 2013.

3.2.6. Resumo climático :

De um modo geral, os factores climáticos não actuam isoladamente uns dos outros. O estádio bioclimático de uma região e o seu período de seca só podem ser determinados a partir da síntese de dois parâmetros climáticos, como a temperatura e a pluviosidade.

6.2.6.1. Diagrama umbrotérmico :

O diagrama umbrotérmico de Bagnouls e Gaussen permite-nos determinar a duração do período seco ao longo de um ano. Este período seco é representado pela intersecção das duas curvas de temperatura e de precipitação. O diagrama baseia-se na escala: P (mm) = 2T (°C), em que P representa a precipitação mensal e T a temperatura média mensal durante o período em causa. O diagrama umbrotérmico apresentado na figura acima mostra que a nossa zona de estudo é caracterizada por um período seco ao longo do ano (Fig. 10).

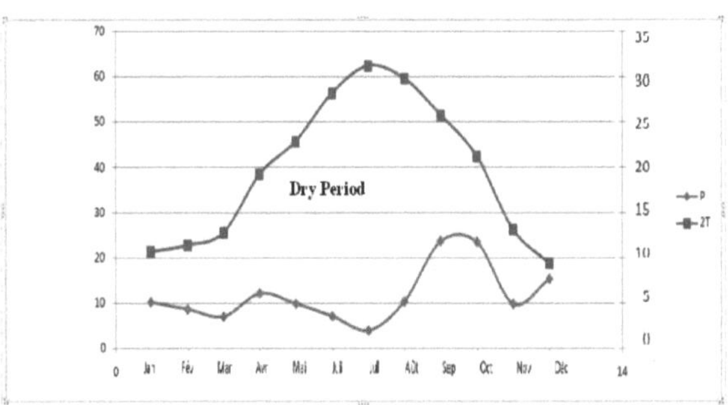

Figura 10: Diagrama umbrotérmico de BAGNOULS e GAUSSEN (1996-2014)

6.2.6.2. Quociente de precipitação e climagrama de Emberger

O climagrama de Emberger (1955) pode ser utilizado para determinar o estádio bioclimático de uma dada estação, calculando o coeficiente pluviométrico-térmico através da seguinte fórmula:

$$Q_2 = 2000 \, P/ \, (M^2 - m)^2$$

Esta fórmula foi simplificada por **STEWART em 1969**.

$$Q_3 = 3.43 \, P/ \, (M\text{-}m)$$

em que :

Q_3 : quociente pluviométrico.

P: precipitação média anual (mm).

M: temperaturas médias mensais máximas (°C).

m: temperaturas médias mensais mínimas (°C).

O resultado obtido ($Q_3 = 15,04$) com m=1,84°C significa que Laghouat é classificado como tendo um bioclima saariano, com uma variante de inverno frio (Fig. 11).

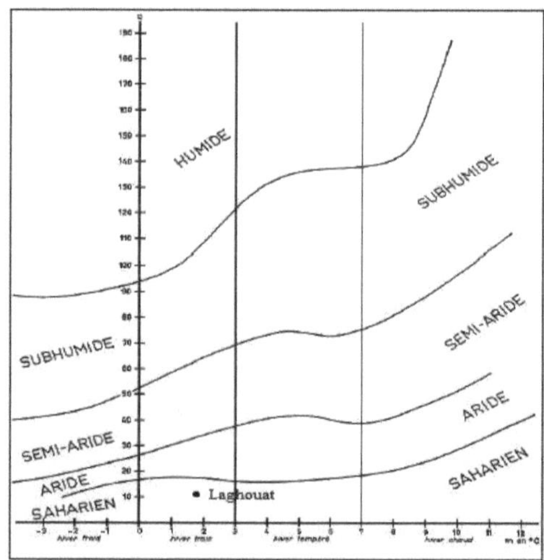

Figura 11: Climagrama de Emberger para a região de Laghouat

6.2.6.3. Índice de aridez De Martonne

Este índice tem em conta a pluviosidade e a temperatura anuais. O índice de aridez anual de De Martonne é explicado pela fórmula: P/(T+ 10) em que P é a precipitação anual (em mm) e T é a temperatura média anual (em °C) (quadro 6).

Tabela 06: Valores do índice de aridez (I) e bioclimas correspondentes.

Valeur de l'indice	Type de bioclimat
0<I<5	Hyperaride (HA)
5<I<10	Aride (A)
10<I<20	Semi-aride (SA)
20<I<30	Subhumide (SH)
30<I<55	Humide (H)
I>55	Perhumide (PH)

O cálculo deste índice para a região de Laghouat classifica-a como um clima árido com I=5,77.

3.3. Localização geográfica das estações

As três estações de estudo estão situadas em Laghouat ou na sua proximidade (Fig. 12).

Legenda:

Estação 1: Parque de diversões e lazer (M'righa) Estação 2: Snober Garden
Estação 3: Daya de Kheneg

Figura 12: Localização das estações de amostragem (Google maps, 2017)

A primeira estação é o Jardin Public de Snober com coordenadas: 33.809108 N; 2.871023 E e 720 m de altitude. Está situado na cidade de Laghouat e ocupa uma superfície de 07 ha. Este jardim público dispõe de um parque infantil e de zonas familiares. As espécies dominantes são o pinheiro de Alepo, a casuarina, a oliveira e mais de cinquenta pistácios do Atlas. Estas árvores são irrigadas regularmente pelos agentes da APC da wilaya de Laghouat (foto 7). No entanto, a segunda estação é a do antigo parque de atracções de Mrigha, com as coordenadas 33.809108 N; 2.871023 E e 750 m de altitude. Situado na periferia norte da cidade de Laghouat, é um parque de atracções e de lazer que ocupa uma superfície de 87 hectares, dos quais 40 hectares estão arborizados com espécies florestais maioritariamente exóticas, como o eucalipto (várias espécies, incluindo E. globulus, E. camaldulensis....), a falsa pimenteira: Schinus molle, Melia azedarach, Biota orientalis, Cupressus sempervirens, Acacia retinoïdes, Acacia horrida, Acacia cyanophylla e Pistacia atlantica... etc (foto 7). A terceira estação é uma daya, a meio caminho entre a comuna de Kheneg e El Houita, conhecida como Dayat nosse, situa-se a 33.809108N, 2.871023E e a 780m acima do nível do mar. Situa-se a 7 km a sul da cidade de Laghouat. O daya é do tipo ligeiramente deprimido (Pouget, 1980) (foto 7).

Sítio 1: Jardim SnobarSítio 2: Jardim MrighaSítio 3: Daya Kheneg

Foto 7: Vista panorâmica dos sítios de estudo

A nossa escolha de três locais tem como objetivo revelar as diferenças, se as houver, entre os efeitos dos afídeos nestes diferentes povoamentos naturais e artificiais.

3.4 Metodologia

Neste estudo, caracterizámos os três povoamentos de pistácio nos três locais do ponto de vista biométrico, numa tentativa de estabelecer a relação entre estes parâmetros e os danos provocados pelos afídeos.

3.4.1. Medições dendrométricas :

Os principais parâmetros dendrométricos tidos em conta são :

a) Altura da árvore

Estimámos a altura utilizando um bastão simples com um grau de precisão bastante elevado (Massenet, 2005) (Fig. 13).

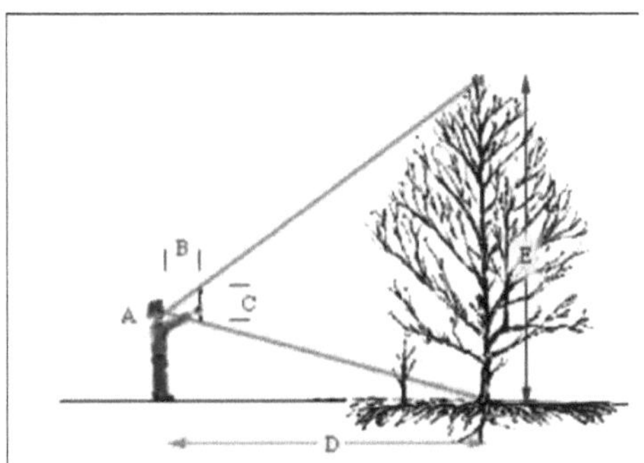

Figura 13: Estimativa simples da altura da árvore

A - Observador

B - Distância entre o olho do observador e a vara de medição

C - Altura da vara de medição

D - Distância entre o observador e a árvore

E - Altura da árvore

A altura (E) da haste é igual à distância à haste (D) multiplicada pela altura da vara (C) dividida pelo comprimento do braço (B). E=D*C/B

b) Circunferência a 1,3 m

A circunferência é geralmente medida com uma fita, que deve ser, se possível, não deformável, com uma trama metálica ou, melhor ainda, com uma trama de fibra de vidro. Esta fita de 1,5 m ou 3 m pode ser utilizada para medir a todos os níveis: a medida à altura do peito é considerada como sendo de 1,3 m (Massenet, 2005).

c) Número de primeiros ramos

Contámos o número de primeiros ramos no tronco da árvore, o que dá uma indicação do vigor e da saúde da árvore.

d) Altura do tronco

Medimos a altura do tronco (do nível do solo até ao primeiro ramo) com uma fita métrica.

e) Medidas relativas a a coroa

Os índices de vigor procuram quantificar a vitalidade e o estatuto social de uma árvore utilizando, por exemplo, algumas das suas dimensões aéreas (IPGRI, 1997). Os índices de copa utilizam informações sobre as características das copas das árvores (volume, superfície, etc.). Foram efectuadas medições da largura e do comprimento da copa para calcular o seu volume.

e.1) Volume da copa da árvore :

Depois de estimar o comprimento e a largura da copa, calculámos o volume de cada árvore utilizando a seguinte fórmula:

Volume$_{arbre}$ = 1 /2(4 /3 π $R3^*$ π * R3 R = Altura da coroa; π = 3,14

f) Descritores para folhas

O tamanho das folhas é caraterístico da espécie ou cultivar em questão, mas p o d e   variar consideravelmente dependendo do vigor do rebento (IPGRI, 1997).
Para os descritores seguintes, uma média de 10 folhas representativas completamente desenvolvidas recolhidas de árvores diferentes (IPGRI, 1997).

f.1. Comprimento da folha [m]

Medida da base do pecíolo até ao topo do folíolo terminal (Fig. 14).

f.2. Largura da folha [m]

Medida no seu ponto mais largo (Fig. 14).

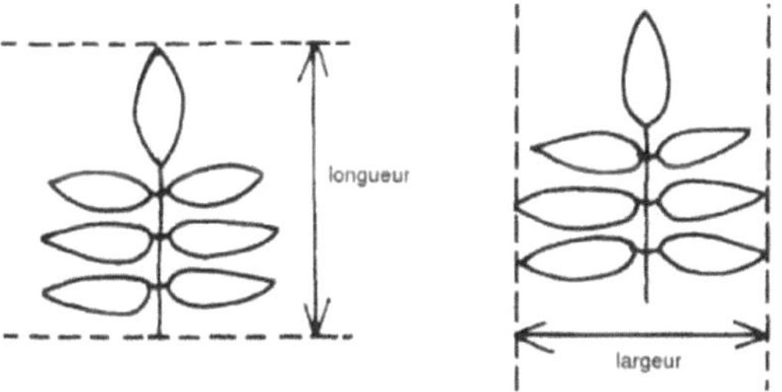

Figura 14: Comprimento e largura das folhas de pistácio Atlas

f.3. Comprimento e largura do folheto terminal

O comprimento e a largura do folíolo terminal são medidos no seu ponto mais largo (IPGRI, 1997) (Fig. 15).

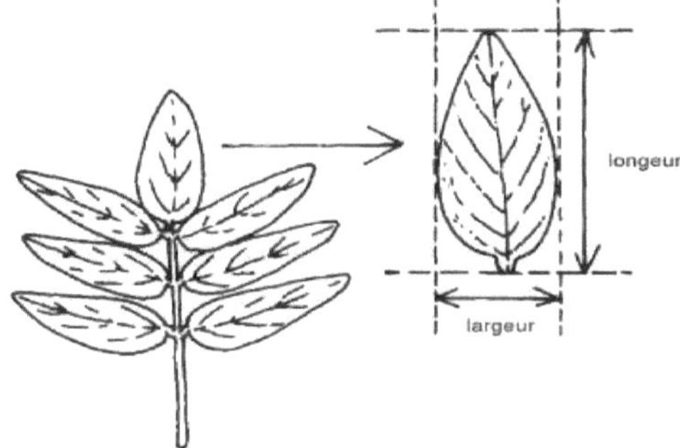

Figura 15: Comprimento e largura do folheto terminal

3.4.2. Rácio de sexos :

Os três sítios estudados apresentam taxas semelhantes entre machos e fêmeas (Tab. 7.).

Quadro 7: Distribuição por sexo das plantas masculinas e femininas nos três locais

Género	Mrigha	Snober	Kheneg
Masculino	22,22	29,63	23,08
Feminino	77,78	70,37	76,92

3.4.3. Número de galhas por árvore :

Uma galha é um crescimento tumoral produzido nos caules, nas folhas, nos rebentos ou nos frutos de certas plantas, na sequência da picada de animais parasitas (Dauphin, 1993). Contámos o número de galhas na folhagem de cada pistácio, numa zona escolhida ao acaso de 0,125 m³ (0,5 * 0,5 * 0,5 m). O número total de galhas foi então estimado para cada árvore em relação ao seu volume de copa.

3.4.4. Análise de galls

As amostras frescas são transportadas para o laboratório e armazenadas no frigorífico durante um curto período, após o qual as galhas são dissecadas. Uma vez abertas as galhas com um aparelho de dissecação, conservámos os afídeos encontrados em tubos Eppendorf de 2 ml com etanol a 75%.

3.4.4.1. Identificação

a. Descrição macroscópica

A observação macroscópica é uma técnica utilizada para descrever a morfologia, a cor, o contorno, o aspeto da superfície e o tamanho das galhas.

b. Observação microscópica

A observação microscópica dos afídeos consiste em estudar a morfologia do afídeo, incluindo o corpo, o par de cornicelas, a cauda mais ou menos longa, as antenas, o seio frontal e o rostro (estilete de sucção). A presença ou ausência de asas também pode ser observada.

As nossas amostras foram identificadas sob a supervisão do Sr. Laamari Malik da Universidade Hadj Lakhdar em Batna e do Sr. Nicolas Perez Hidalgo da Universidade de Valência em Espanha.

3.4.5. Análise estatística

O tratamento estatístico dos dados envolveu estatísticas descritivas para as várias medições, análises de variância para comparar os três locais e correlações entre os parâmetros estudados. Utilizámos o Statistix 8 em Windows para as análises estatísticas.

PARTE II
RESULTADOS E DISCUSSÃO

33

CAPÍTULO 4

RESULTADOS

4.1. Parâmetros dendrométricos da árvore

4.1.1 Altura da árvore :

Foi recolhido um total de 79 árvores nos três sítios. A altura média destas árvores foi de 7,88 m ± 0,4 m, com um mínimo de 1,6 m e um máximo de 17 m, A altura média medida no parque M'righa é de 2,79 m ± 1,64 e varia entre 1,6 m e 9 m, enquanto a altura média das árvores no parque Kheneg é de 10,75 m ± 0,27 e varia entre 6,8 e 16 m, e para o jardim Snober a altura média das árvores é de 10,1 ± 0,31 e varia entre 5 m e 17 m (Fig. 16).

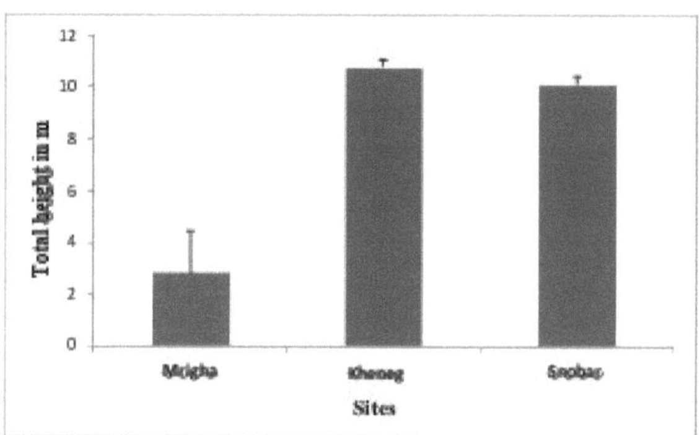

Figura 16: Alturas médias das árvores medidas nos três locais A análise de variância dos valores da altura das árvores nos três locais indica uma diferença significativa (F $_{,278}$ = 209; P ≤ 0,00001); as árvores em M'righa t ê m alturas mais baixas do que as de Kheneg e Snober.

As principais correlações significativas registadas são apresentadas no quadro (8).

Quadro 8: Principais correlações significativas registadas com a altura total das árvores

Correlação de parâmetros

Altura do tronco.81; p≤0.00001; N = 76

Largura da folhar=0,77; p≤0,00001; N = 76
Largura dos folhetos terminaisr=0,74; p≤0,00001; N = 76

Largura da copa das árvores 76 ; p≤0,00001; N = 76

Comprimento da folhar=0,62 ; p≤0,00001; N = 76
Comprimento dos folíolos terminais

Número de primeiros ramos r=0,48; p≤0,00001; N = 76 r=0,40; p=0,0002; N = 76

Volume da copa das árvores.35 ; p=0,0012; N =76

Número de galhasr=0,40 ; p=0,0002; N = 76

4-1-2 Circunferência a 1,3 m :

Encontrámos uma diferença significativa entre as circunferências a 1,3 m das árvores nos três locais (F2,78= 1,38; P=0,2581). A circunferência média a 1,3 m medida nos três sítios é de 0,26 m ± 0,015 e varia entre 0,04 m e 2,4 m. A circunferência média a 1,30 m medida no parque M'righa é de 0,11 m ± 0,01 e varia entre 0,040 e 0.58 m, a circunferência média a 1,3 m das árvores no Kheneg daya é de 1,4 m ± 0,027 m e varia entre 0,70 m e 2,9 m. A circunferência média das árvores no jardim Snober é de 1,12 m ± 0,047 m e varia entre 0,2 m e 2,4 m (Fig. 17).

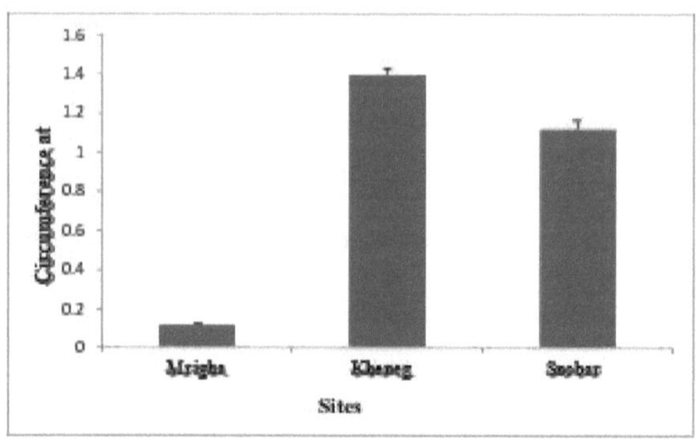

Figura 17: Circunferência a 1,30 m das árvores medidas nos três sítios

As árvores de M'righa têm circunferências mais pequenas do que as do Jardin Snober e de Kheneg (Fig. 17). Registou-se uma correlação positiva e estatisticamente significativa entre a circunferência da árvore a 1,3 m e o número de primeiros ramos (r=0,49; P ≤ 0,00001).

4-1-3 Número de primeiros ramos :

O número médio de primeiros ramos contados nos três sítios é de 2,97 ramos ± 0,17 e varia entre 1 e 10 ramos. O número médio de primeiros ramos contados no parque de M'righa é de 2,34 ramos ± 0,141 e varia entre 1 e 6 ramos por povoamento. No entanto, o número médio de primeiros ramos no daya de El Kheneg é de 3,50 ramos ± 0,2 e varia entre 2 e 10 ramos. Enquanto que o número de ramos nas árvores do jardim de Snober é de 3,07 ramos ± 0,141 e varia entre 1 e 6 ramos (Fig. 18).

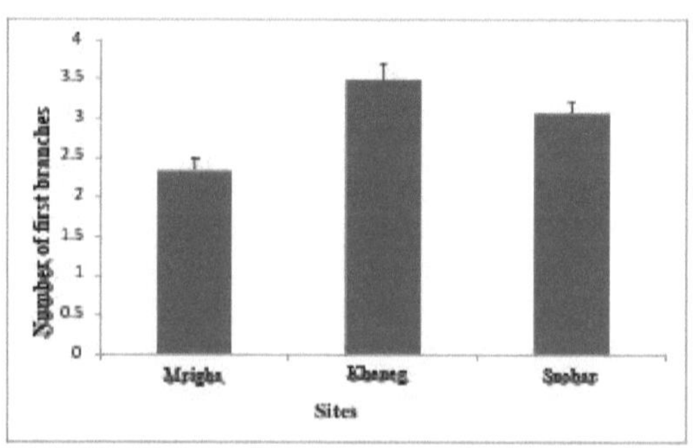

Figura 18: Número de primeiros ramos nos três sítios

Encontrámos uma diferença estatisticamente significativa entre o número de primeiros ramos nos três locais (F2, 78= 3,23; P = 0,045).

As principais correlações significativas registadas são apresentadas no quadro (9).

Quadro 9: Principais correlações significativas registadas com o número de primeiros ramos.

Correlação de parâmetros

Altura do tronco.4; p=0,0002; N = 76

Largura da árvore.34; p=0,0002; N = 76

Largura da folha.31; p=0.0005; N = 76

Altura da árvore .40; p=0,0002; N = 76

Número de galhas.32; p=0,0034; N = 76

Circunferência a 1,3 mr=0,49; P ≤ 0,00001; N = 76

4-1-4 Altura da bagageira :

A altura média medida nos três locais foi de 2,98 m ± 0,18 m, variando entre 0,4 e 7 m. A altura média do tronco medida no parque M'righa é de 0,97 m ± 0,04 e varia entre 0,4 e 2 m. É de 3,94 m ± 0,14 m no Kheneg daya e varia entre 1,5 e 6,5 m. No entanto, a altura média dos troncos medida no jardim Snober é de 04 m ± 0,12 e varia entre 2 e 7 m. Encontrámos uma diferença significativa entre as alturas dos troncos nos três locais (F2,78= 62; P ≤ 0,00001), com as árvores de M'righa a apresentarem alturas mais baixas do que as do jardim Snober e Kheneg (Fig. 19).

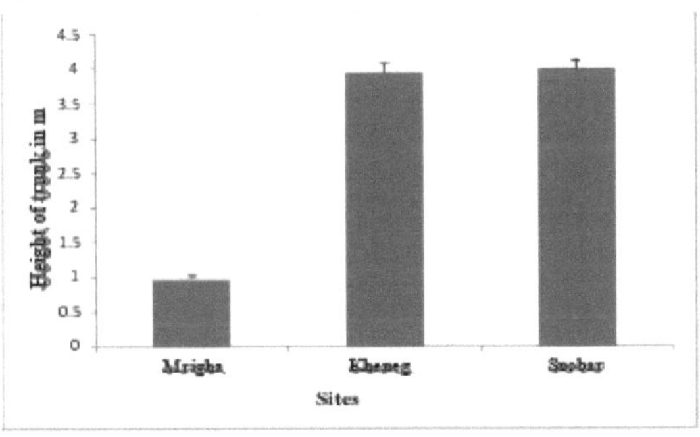

Figura 19: Altura do tronco medida nos três sítios

As principais correlações significativas registadas são apresentadas no quadro (10).

Quadro 10: Principais correlações significativas registadas com a altura total do tronco

Parâmetro	Correlação
Largura da folha	r=0,70; P ≤ 0,00001; N = 76
Largura dos folhetos terminais	r=0,80; P ≤ 0,00001; N = 76
Largura da copa da árvore	r=0,75; P ≤ 0,00001; N = 76
Comprimento da folha	r=0,50; p≤0,00001; N = 76
Comprimento dos folíolos terminais	r=0,42 ; p=0, 00001; N = 76
Número de galhas	r=0,34; p=0, 0016; N = 76

4-1-5 Altura da coroa :

A altura média medida nos três locais é de 4,8 m ± 0,03 e varia entre 0,6 e 14,5 m. A altura média da copa medida no parque M'righa é de 1,82 m ± 0,10 e varia entre 0,6 e 7 m, e no Daya Kheneg é de 6,81 m ± 0,14 e varia entre 2,5 e 10,5 m. No entanto, a altura média da copa medida no jardim Snober é de 06 m ± 0,28 e varia entre 1 e 14 m (Fig. 20).

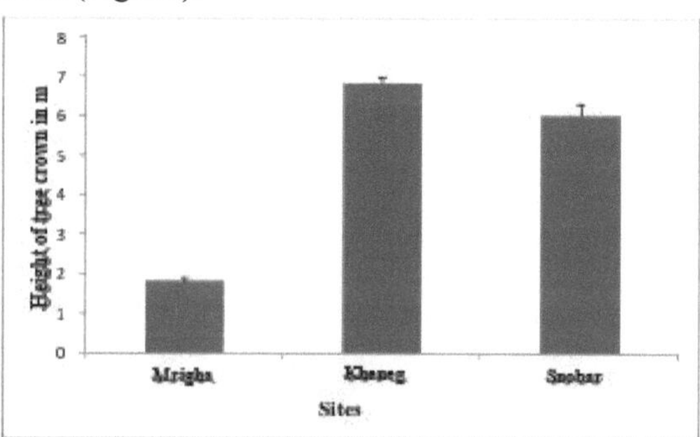

Figura 20: Altura da copa das árvores medida nos três sítios

Encontrámos uma diferença altamente significativa entre as alturas das copas nos três locais ($F_{2,78}$ = 37,9; P ≤ 0,00001), com as árvores de Kheneg e Snober a terem copas mais altas do que as de M'righa. As principais correlações significativas registadas são apresentadas na tabela (11).

Quadro 11: Principais correlações significativas registadas com a altura da copa

Parâmetro	Correlação
Altura da árvore	r=0,94; p≤0,00001; N = 76
Altura do tronco	r=0,58; p≤0,00001; N = 76
Largura da folha	r=0,69; p≤0,00001; N = 76
Largura das árvores	r=0,64; p≤0,00001; N = 76
Comprimento da folha	r=0,56; p≤0,00001; N = 76
Comprimento dos folíolos terminais	r=0,43; p=0,0001; N = 76
Volume da copa da árvore	r=0,35; p=0,0012; N = 76
Número de galhas	r=0,37; p=0,0007; N = 76

4-1-6Volume da copa da árvore :

O volume médio das copas calculado nos três locais é de 2546,6 m^3 ± 0,4 e varia entre 0,6 e 28649 m3 . O volume médio das copas calculado no parque M'righa é de 12,65 m3 ± 0,37 e varia entre 0,6 e 18,8 m3 , e no Kheneg daya é de 2270,2 m3 ± 22 e varia entre 55,95 e 12086 m^3 . No entanto, o volume médio da copa medido no jardim de Snober é de 5252,5 m^3 ± 0,02 m^3 e varia entre 88,55 e 28649 m^3 (Fig. 21).

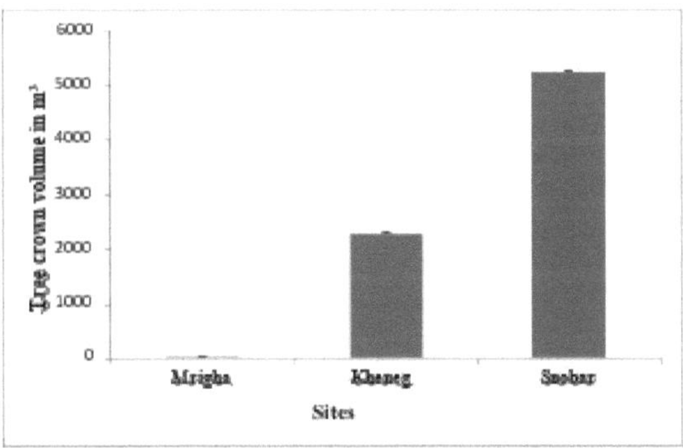

Figura 21: Volume das copas das árvores medido nos três sítios

Encontrámos uma diferença significativa entre os volumes das copas nos três locais ($F_{2,78}$ = 10,4; p≤0,00001), com as árvores em M'righa a terem copas mais pequenas do que as do Jardin Snober e Kheneg.

As principais correlações significativas registadas são apresentadas no quadro (12).

Quadro 12: Principais correlações significativas registadas com o volume da coroa

Parâmetro	Correlação
Altura do tronco	r=0,49; p≤0,00001; N = 76
Altura da árvore	r=0,45; p≤0,00001; N = 76
Largura da folha	r=0,50; p≤0,00001; N = 76
Largura da copa da árvore	r=0,84; p≤0,00001; N = 76
Comprimento dos folíolos terminais	r=0,37 ; p=0, 00007; N = 76
Comprimento da folha	r=0,40; p=0,0002; N = 76
Altura da copa da árvore	r=0,35; p=0,0012; N = 76

4-2 Biometria da folha

4-2-1. Comprimento da folha :

O comprimento médio das folhas medido nos três sítios é de 5 cm ± 0,03 e varia entre 3 e 26 cm. O comprimento médio das folhas medido no parque de M'righa é de 6 cm ± 0,02 e varia entre 3 e 13 cm, e no daya de El Kheneg, a média é de 10 cm ± 0,02 e varia entre 6 e 16 cm. No entanto, o comprimento médio das folhas medido no jardim de Snober foi de 13 cm ± 0,04 e variou entre 9 e 26 cm (Fig. 22).Encontrámos uma diferença significativa entre os comprimentos das folhas nos três locais ($F_{2,78}$ = 30,5; P ≤ 0,00001), com as árvores em M'righa a terem alturas mais baixas do que as do Jardin Kheneg e Snober.

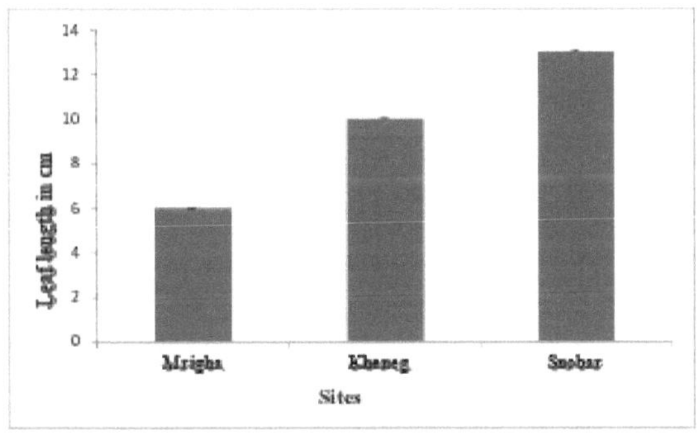

Figura 22: Comprimentos das folhas medidos nos três sítios

As principais correlações significativas registadas são apresentadas no quadro (13).

Quadro 13: Principais correlações significativas registadas com o comprimento da folha e

Parâmetro	Correlação
Altura da coroa	r=0,56; p≤0,00001; N = 76
Altura da árvore	r=0,62; p≤0,00001; N = 76
Altura do tronco	r=0,55; p≤0,00001; N = 76
Largura da folha	r=0,75; p≤0,00001; N = 76
Volume da copa da árvore	r=0,40; p = 0,002; N = 76

4-2-2. Largura da folha :

A largura média das folhas medidas nos três sítios foi de 5 cm ± 0,03, variando entre 3 cm e 15 cm. A largura média das folhas medidas no parque de M'righa é de 4 cm ± 0,08 e varia entre 3 e 8 cm, e no daya de El Kheneg é de 7 cm ± 0,02 e varia entre 3 e 15 cm. A largura média das folhas medidas no jardim de Snober foi de 8 cm ± 0,01 e variou entre 5 e 12 cm (Fig. 23).

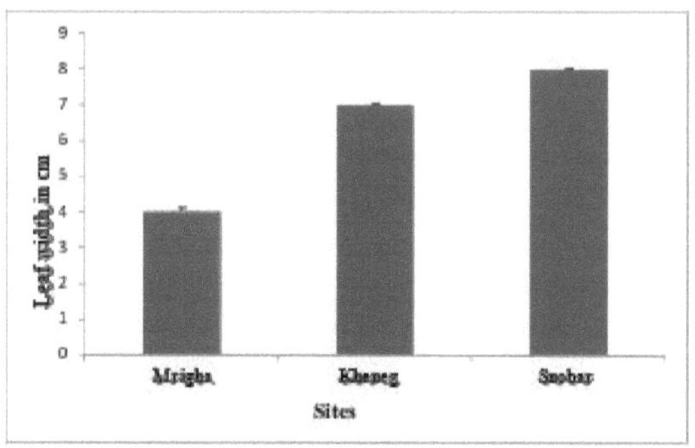

Figura 23: Larguras das folhas medidas nos três sítios

Encontrámos uma diferença altamente significativa na largura das folhas entre os três locais (F2,78= 139; P ≤ 0,00001), com as árvores em M'righa a terem alturas mais baixas do que as do Jardin Snober e Kheneg.

As principais correlações significativas registadas são apresentadas no quadro (14).

Quadro 14: Principais correlações significativas registadas com a largura das folhas

Correlação de parâmetros

Largura dos folhetos terminais r=0,82; p≤0,00001; N = 76

Largura da copa das árvores.77 ;p≤0.00001; N = 76

Comprimento da folha r=0,75 ; p≤0,00001; N = 76
Comprimento dos folíolos terminais

Número de primeiros ramos r=0,31; p≤0,00001; N = 76 r=0,31; p=0,0054; N = 76

Volume da copa das árvores=0,50; P ≤ 0,00001; N = 76

4-2-3. Largura dos folíolos terminais :

A largura média dos folíolos terminais medida nos três sítios é de 0,7 cm ± 0,03 e varia entre 0,3 cm e 1,3 cm. A largura média dos folíolos terminais medida no parque de M'righa é de 0,65 cm ± 0,02 e varia entre 0,3 e 1,3 cm, e no daya de El Kheneg é de 0,9 cm ± 0,01 e varia entre 0,3 e 1 cm. No entanto, a largura média dos folíolos terminais medida no jardim Snober foi de 0,9 cm ± 0,03 e variou entre 0,4 e 1 cm (Fig. 24).

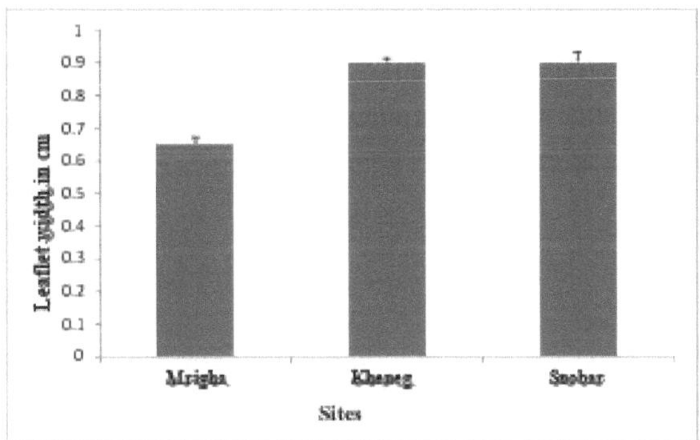

Figura 24: Larguras dos folíolos terminais medidos nos três locais Houve uma diferença significativa entre as larguras dos folíolos terminais e as larguras dos folíolos terminais. folíolos terminais nos três locais ($F_{2,78}$ = 195; P ≤ 0,00001), as árvores em M'righa têm larguras de folíolos terminais mais pequenas do que as dos jardins de Snober e Kheneg.

As principais correlações significativas registadas são apresentadas no quadro (15).

Quadro 15: Principais correlações significativas registadas com a largura dos folíolos terminais

Parâmetro	Correlação
Altura da árvore	r=0,74; p≤0,00001; N = 76
Altura do tronco	r=0,80; p≤0,00001; N = 76
Altura da coroa	r=0,59; p≤0,00001; N = 76
Largura da folha	r=0,82; p≤0,00001; N = 76
Largura da copa da árvore	r=0,77; p≤0,00001; N = 76
Comprimento da folha	r=0,75; p≤0,00001; N = 76
Volumes das copas das árvores	r=0,50; p=0,0002; N = 76

Comprimento do folheto terminal :

O comprimento médio do folíolo terminal medido nos três locais foi de 1,09 cm
± 0,01 e variou entre 1,5 e 6 cm. O comprimento médio dos folíolos terminais
medidos no parque M'righa é de 2 ,02 cm ± 0,08 e varia entre 1,5 e 4,8 cm, e no
Kheneg daya é de 3,26 cm ± 0,09 cm e varia entre 1,5 e 4,8 cm. No entanto, o
comprimento médio dos folíolos terminais medidos no jardim de Snober foi de
4,54 cm ± 0,08 cm e variou entre 3,4 e 6 cm (Fig. 25).

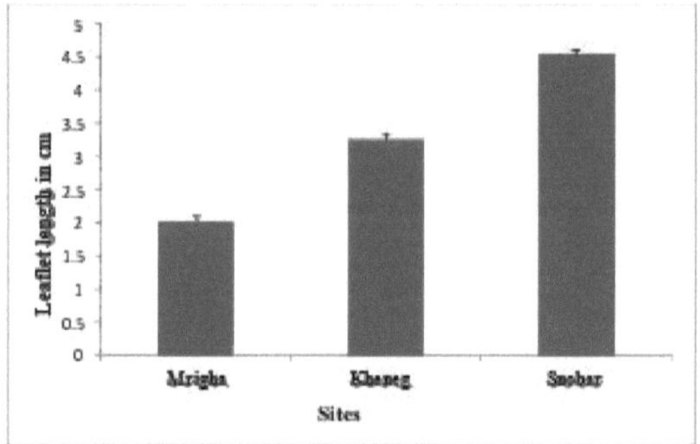

Figura 25: Comprimentos dos folíolos terminais medidos nos três locais
Verificou-se uma diferença significativa entre os comprimentos do folíolo
terminal e do folíolo terminal.terminal nos três locais (F2,78= 315; P ≤ 0,00001),
as árvores de M'righa têm alturas inferiores às de Kheneg e Snober .

As principais correlações significativas registadas são apresentadas no quadro
(16).

Quadro 16: Principais correlações significativas registadas com o comprimento
dos folíolos terminais

Parâmetro	Correlação
Altura da árvore	r=0,48; p≤0,00001; N = 76
Altura do tronco	r=0,42; p≤0,00001; N = 76
Altura da coroa	r=0,43; p≤0,00001; N = 76
Largura da folha	r=0,31; p≤0,00001; N = 76
Largura dos folhetos terminais	r=0,31; p=0,0042; N = 76
Número de galhas	r=0,42; p=0, 0001; N = 76

4-2-5. Razão sexual e taxa de infestação

A monitorização de ambos os sexos do pistácio revelou que as plantas femininas foram as mais afectadas pelo pulgão dourado (Fig.26).

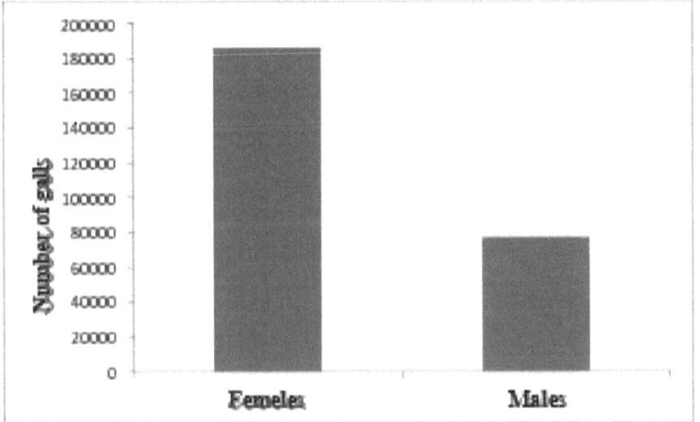

Figura 26: Número de infestações em ambos os sexos

4-2-6. Número de galhas :

O número médio de galhas por planta estimado no parque de M'righa é de 2,53 galhas por planta ± 0,08 e varia entre 0 e 36 galhas por planta. No entanto, no Daya Kheneg é de 16,6 galhas por planta ± 0,25 e varia entre 0 e 80 galhas por planta. No entanto, o número de galhas por árvore no jardim de Snober foi de 4,11 ± 0,14 galhas por árvore, variando entre 0 e 36 galhas por árvore (Fig. 27).

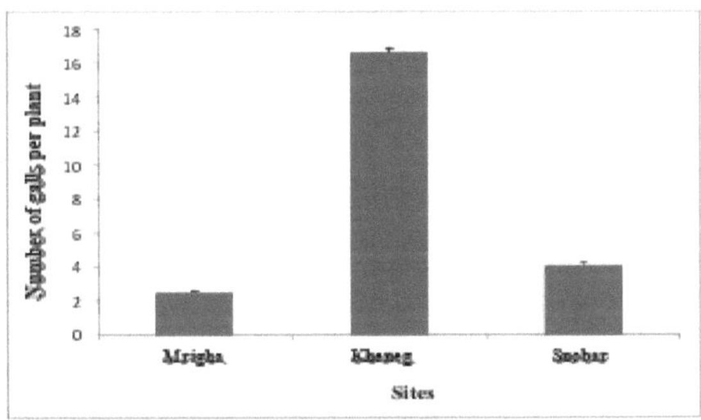

Figura 27: Número médio de galhas por planta estimado nos três sítios

O número médio de galhas estimado nos três sítios é de 165291± 0,4 e varia entre 0 e 3384674 galhas. O número médio de galhas por sítio estimado no parque M'righa é de 2346,3 galhas por sítio ± 10,67 e varia entre 0 e 54388 galhas, e no Kheneg daya é de 419511 galhas por sítio ± 83,96 e varia entre 0 e 3384674 galhas. No entanto, o número de galhas por local de árvore no jardim de Snober é de 77395 ± 0,141 galhas por local, variando entre 0 e 773519 galhas

(Fig. 28).

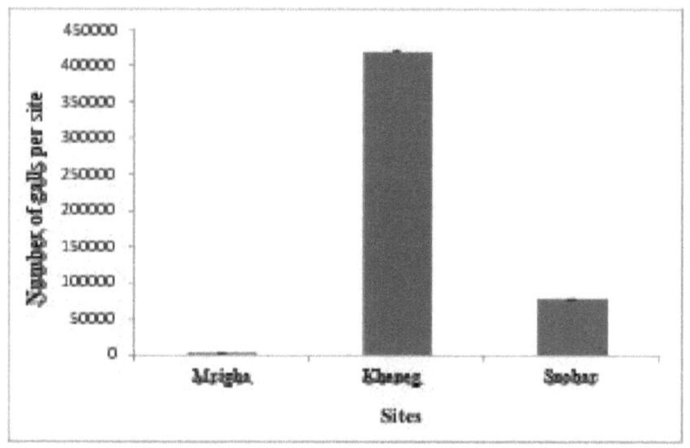

Figura 28: Número médio de galhas calculado por sítio

Encontrámos uma diferença significativa entre o número de galhas nos três locais ($F_{2,78}$ = 5,31; P = 0,0047); as árvores de Khneg tinham um número mais elevado de galhas do que as de Jardin Snober e M'righa.

As principais correlações significativas registadas são apresentadas no quadro (17).

Quadro 17: Principais correlações significativas registadas com o número de galhas

Parâmetro	Correlação
Altura da árvore	r=0,40; p=0,0002; N = 76
Altura do tronco	r=0,34; p=0, 0016; N = 76
Altura da coroa	r=0,37; p= 0,0007; N = 76
Largura da folha	r=0,34; p=0,00019; N = 76
Comprimento dos folíolos terminais	r=0,42; p≤0, 00001; N = 76

4-2-7 Taxa de infestação :

Os três locais estudados revelaram diferentes graus de infestação do pistácio por afídeos (Tab.18).

Quadro 18: Grau de infestação do pistácio por afídeos nos três locais

Género	N.º de pés atacados	Número total de pés	Taxa de infestação (%)
M'righa	4	26	15,38
Snober	8	28	28,57
Kheneg	14	25	56
Total	26	79	32 ,91

O sítio de Kheneg está fortemente infestado, com 14 árvores infectadas em 25, o que corresponde a uma taxa de 56%. O jardim público de Snober está moderadamente infestado, com 8 árvores infectadas em 28, o que corresponde a uma taxa de 28,57%, ao passo que o jovem povoamento de pistácios do parque de diversões de M'righa está fracamente infestado, com apenas 4 árvores infectadas em 26, o que corresponde a uma taxa de 15,38%.

4-3. Relação entre parâmetros biométricos e galhas

4-3-1 Relação entre a altura da árvore e o número de galhas :

Foi avaliada a relação entre a altura da árvore e o número de galhas (Fig. 28). Os pistácios de maior altura são os mais afectados pelos afídeos (Fig. 29).

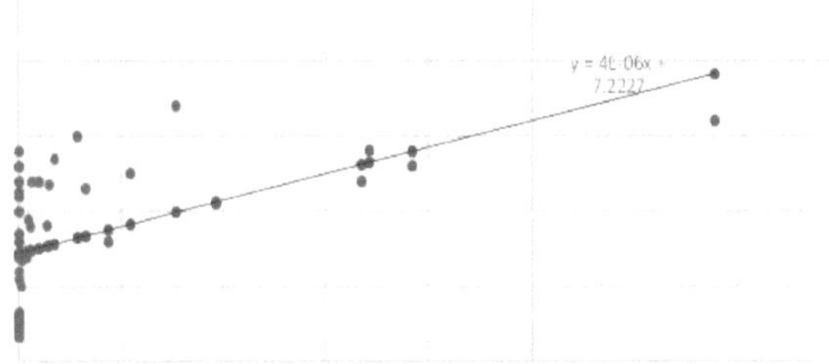

Figura 29: Relação entre a altura da árvore e o número de galhas

4-3-2. Relação entre a altura do tronco e o número de galhas :

A relação entre a altura do tronco e o número de galhas é estatisticamente significativa, sendo as galhas mais comuns em árvores com troncos longos (Fig. 30).

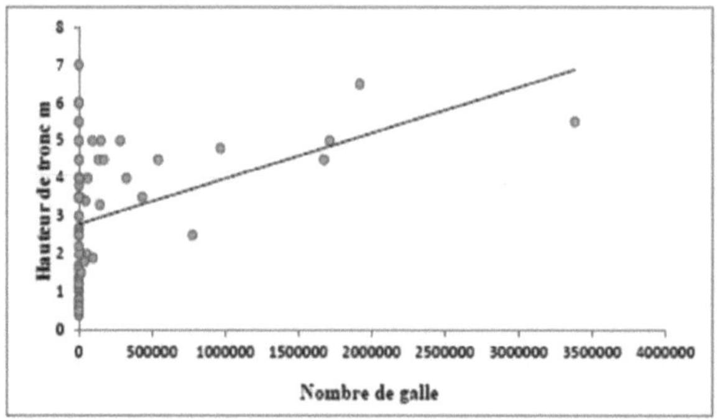

Figura 30: Relação entre a altura do tronco e o número de galhas

4-3-3. Relação entre a altura da copa e o número de galhas :

Existe uma relação entre a altura da copa e o número de galhas. Os pistacheiros com copas altas são os mais afectados pelos afídeos (Fig.31).

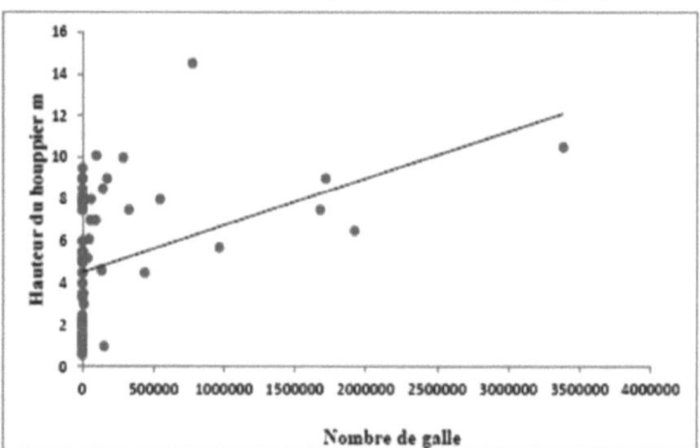

Figura 31: Relação entre a altura da copa e o número de galhas

4-3-4Relação entre a largura da folha e o número de galhas :

A relação entre a largura da folha e o número de galhas foi comprovada. As folhas mais largas são as mais afectadas pelos afídeos (Fig.32).

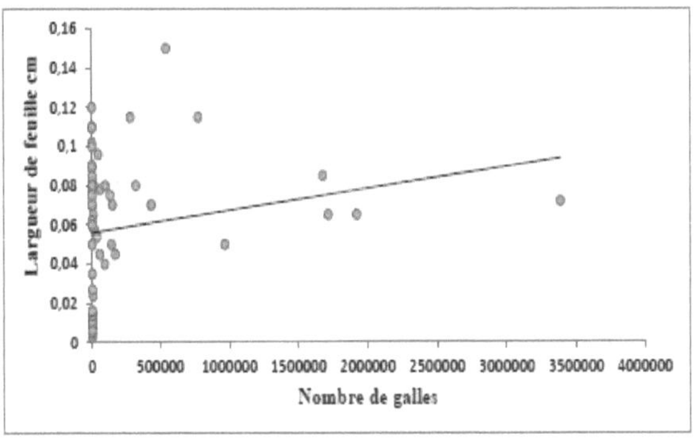

Figura 32: Relação entre a largura da folha e o número de galhas

4-3-5. Relação entre o comprimento dos folíolos terminais e o número de galhas :

Existe uma relação entre o comprimento dos folíolos terminais e o número de galhas; estas últimas são mais numerosas nas folhas com folíolos terminais mais compridos (Fig.33).

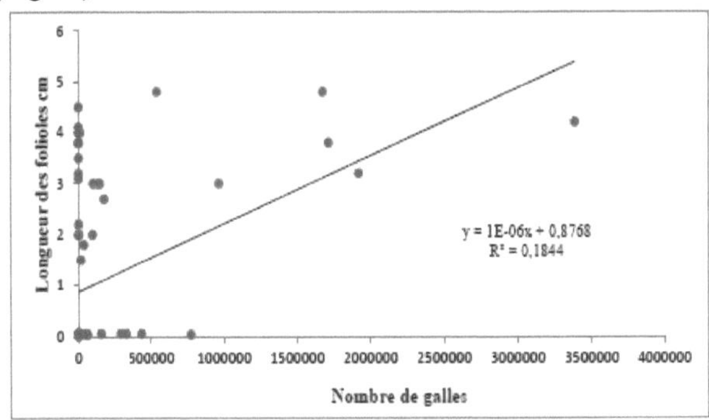

Figura 33: Relação entre o comprimento dos folíolos terminais e o número de galhas

4-4 - Formas de galhas :

Constatámos a presença de vários tipos de galhas, de cor vermelha e verde e de forma redonda ou articulada, com cerca de 1 cm de diâmetro e por vezes de cor mais amarela (fotos 8 a 10). As galhas do pulgão dourado são muito alongadas (até 5 cm ou mais) e têm 1,5 a 2 mm de diâmetro.

Foto 08: Folha de pistácio saudável

Foto 09: Folha completamente deformada

Foto 10: Galhas esféricas vermelhas em folhas de pistácio

Pequenas galhas vermelhas esféricas e articuladas foram observadas nas folhas dos pistácios do parque de M'righa em plantas femininas com um ataque muito forte em comparação com as plantas masculinas. Esta forma de galha só foi observada no sítio de M'righa (Foto 11).

Foto 11: Galhas esféricas articuladas vermelhas em folhas de pistácio

Fonte: Originale (Mrigha, fevereiro de 2017)

As galhas esféricas e verdes articuladas na folha do pistácio no jardim de Mrigha e no Kheneg daya encontram-se nas plantas masculinas, que são mais afectadas pelas galhas verdes articuladas do que as plantas femininas. Verificamos que o Kheneg daya foi o mais afetado pelo pulgão em comparação com os outros dois locais (fotos 12; 13).

Foto 12: Galhas esféricas verdes em folhas de pistácio

Fonte: Originale (Kheneg, fevereiro de 2017)

Foto13: Galhas esféricas articuladas de cor verde nas margens das folhas

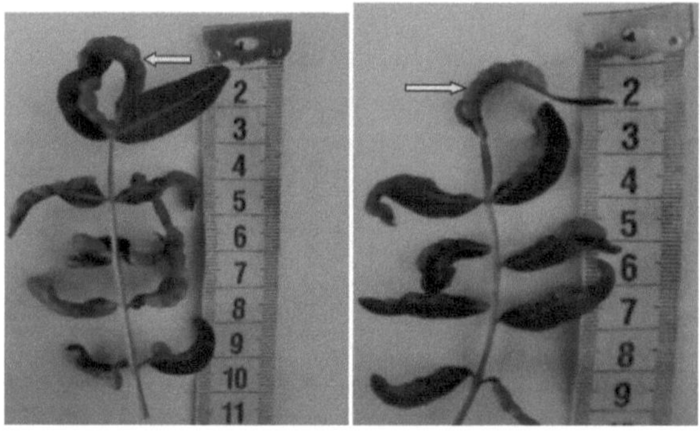

Fonte: Originale (Kheneg, fevereiro de 2017)

As diferentes formas, posições e cores das galhas encontradas nos três sítios permitiram-nos confirmar a presença do pulgão dourado (Forda riccobonii) e identificar mais espécies de pulgões (fotos 14, 15 e 16).

Foto 13: Forda riccobonii gall utricularia em folhas de pistácio Atlas

Foto 14: Galha de Geoica em folhas de pistácio Atlas

Foto 16: Galha de Smynthurodes betae em folhas de pistácio Atlas

As observações no laboratório revelaram vários estádios do pulgão dourado (fotos 17 a 19).

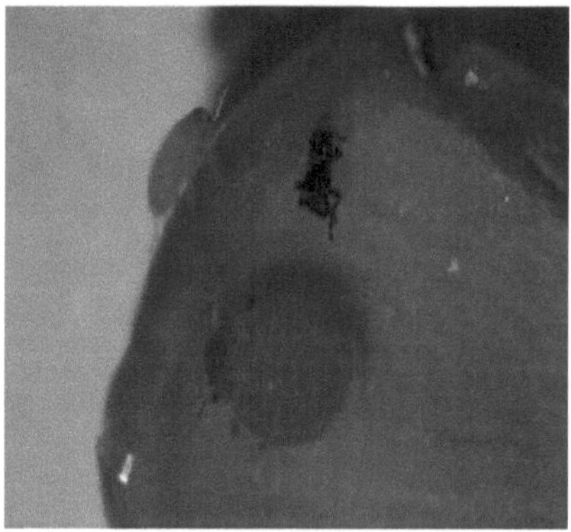

Foto 17: Observação de uma face dorsal dourada de um pulgão no interior de uma galha

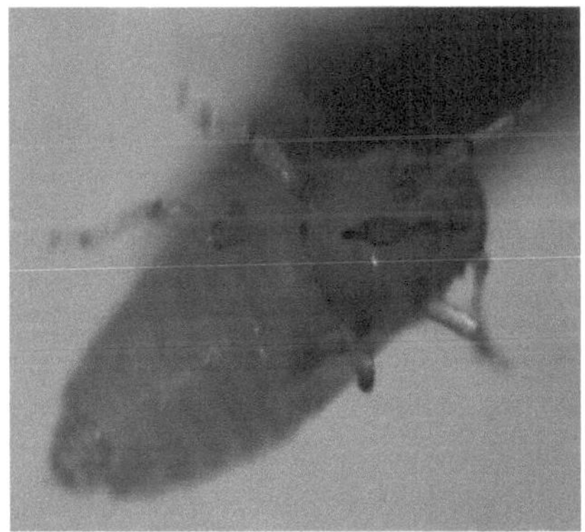

Foto 18: Observação da face ventral de um pulgão no interior de uma ágata

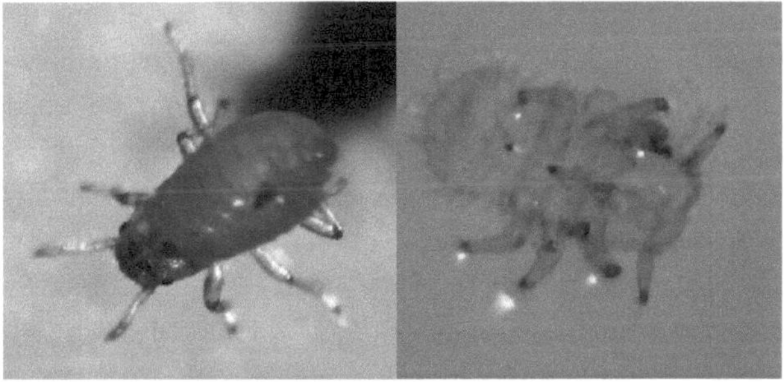

Foto19: Pulgão dourado (Forda riccobonii) observado ao microscópio estereoscópico

CAPÍTULO 5

DISCUSSÃO

5.1 - Dendrometria das árvores

A altura das árvores reflecte a qualidade do ambiente, do solo e do clima, mas sobretudo o regime hídrico, que é o critério principal no clima mediterrânico (Quézel, 1980). Nas três estações, a altura das árvores da daya de Kheneg é superior à das árvores dos parques de Snober e de Mrigha, apesar de estes dois últimos serem irrigados regularmente. Esta diferença pode estar ligada à idade do próprio povoamento de Kheneg, que parece ser mais velho do que os outros dois.Os perímetros a 1,3 m também dependem da disponibilidade de água. Desenvolvem-se mais rapidamente se o stress hídrico for eliminado por uma irrigação suplementar durante o período de crescimento (Quézel e Médail, 2003). O desenvolvimento da circunferência depende do desenvolvimento dos anéis de crescimento, que por sua vez reflectem a qualidade do clima (quantidade de água) recebido pela planta (Roland et al., 2008). Se o ano for bom, a espessura dos anéis será maior do que em anos de seca (Roland et al., 2008). O mesmo se aplica ao número de ramos observado nos três locais, um critério que parece variar em função da idade e das especificidades genéticas de uma população para outra. O número de ramos de uma árvore permite-lhe aproveitar melhor o ambiente (humidade do ar) e criar um microclima sob a própria árvore.

5.2- Biometria das folhas

Zohary (1952) utilizou a morfologia foliar, especialmente a forma, bem como o número, o tamanho e a orientação dos folíolos, como o primeiro carácter morfológico na classificação das espécies de pistácio. Estes parâmetros parecem estar ligados a um certo número de parâmetros climáticos, como a pluviosidade, as temperaturas médias e, sobretudo, as temperaturas mínimas (El Zerey-Belaskri e Benhassaini, 2015).

a. Comprimento da folha :

Em termos de comprimento, as medições efectuadas em três locais revelaram uma diferença notável. Os maiores comprimentos foram registados em pistácios mais velhos em Snober's Garden Subjects com uma média de 13,54 cm. Resultados semelhantes foram registados por El Zerey-Belaskri e Benhassaini

56

(2015) no noroeste da Argélia. No entanto, foram registados comprimentos mais curtos para pistácios mais velhos na região de Laghouat (Smail Saadoun, 2014) com uma média de 8,24 cm e Belhadj et al. (2008) em nove localidades argelinas, incluindo Laghouat. O mesmo se aplica aos indivíduos medidos em Marrocos (Abdelkader et al., 2005; Yaaqobi et al., 2009) com uma média de 9,56 cm e Benabdallah (2012) em três estações de estepe argelinas (Ouled Djellel, Ain Oussara e Messaad) com uma média de 10,07 cm. É de notar que o crescimento das folhas raramente ultrapassa os 12 cm de comprimento no pistácio do Atlas (Khaldi e Khouja, 1995).

b. Largura da folha

As larguras das folhas obtidas no nosso trabalho são semelhantes às relatadas por Smail Saadoun (2014) em Laghouat, Benabdallah (2012) nas suas três localidades de estepe argelina, Belhadj et al. (2008) em várias localidades argelinas e Yaaqobi et al. (2009) em Marrocos, bem como El Zerey-Belaskri e Benhassaini (2015) em 16 locais no noroeste da Argélia.

c. Comprimento e largura do folheto terminal

O comprimento e a largura médios do folíolo terminal nos três locais apresentam valores semelhantes aos de outras populações de pistácio (Yaaqobi et al., 2005; Belhadj et al., 2008; Benabdallah, 2015; El Zerey-Belaskri e Benhassaini, 2015). No entanto, Belhadj et al (2008) registaram uma diferença significativa entre as medições dos folíolos terminais no mesmo local, o que põe em causa a utilização deste parâmetro como critério de classificação do pistácio do Atlas.

5.3- Danos causados pelo pulgão dourado em povoamentos de pistácio: Pulgões cecidogénicos

Os afídeos têm um efeito muito enfraquecedor sobre as plantas, produzindo grandes quantidades de melada que favorece o desenvolvimento de fumagina. Transmitem um grande número de vírus (Zucker, 1982; Martinez, 2008; 2009). Os pulgões alados podem percorrer vários quilómetros em voo passivo com a ajuda do vento. Segundo Forrest (1987), 700 das 4400 espécies de afídeos descritas no mundo produzem uma galha durante o seu ciclo de vida, na qual completam parte do seu ciclo de vida. Muitas outras deformam as plantas e m diferentes graus para se abrigarem. A propagação das galhas nas folhas, desde a primeira observação até ao aparecimento dos frutos. Este último fenómeno foi constatado por Belhadj (1999) para o pulgão dourado no povoamento de pistácios de Ain Oussara. Foi também o caso na nossa zona de estudo, onde se verificou um ataque muito forte deste inseto. Algumas árvores de pistácio são completamente afectadas e o ataque não distingue entre árvores jovens e velhas. Foram observados dois tipos de galhas, uma de cor vermelha e forma ligeiramente alongada, com baixa frequência, e outra esférica, com cerca de 1cm de diâmetro e por vezes mais, de cor amarela, com uma frequência muito elevada nas plantas masculinas das nossas estações, tornando-se castanhas no outono.Os resultados obtidos mostram que o ataque médio de afídeos ao pistácio Atlas foi de 165291± 0,4 por local. De acordo com os resultados da análise, o número médio de galhas por planta é de 7,74 galhas, variando de 0 a 80 galhas, o que permanece baixo em comparação com os relatados por Martinez (2009) na Palestina. Observamos que as árvores mais atacadas foram as do Daya de Kheneg, seguidas pelas do jardim Snober e, finalmente, com uma baixa taxa de ataque, o jovem pistache do parque Mrigha, com um grande número de árvores femininas afectadas em comparação com as masculinas. Esta situação está provavelmente ligada à morfologia das árvores: as árvores de maior porte (altura e volume da copa) são as mais expostas ao ataque de afídeos. Estes insectos sincronizam a sua instalação nas árvores com a formação de folhagem importante (Burstein e Wool, 1993), assegurando simultaneamente o desenvolvimento das diferentes partes das espécies vegetais, nomeadamente as larguras e os comprimentos das folhas e dos folíolos (Zucker, 1982; Price, 1984, 1991; Whitham, 1992).A influência dos factores da estação (irrigação, stress hídrico, proximidade de estradas e edifícios, etc.), do microclima e do edafismo na morfologia das espécies vegetais determina o grau e a densidade da infestação (Zucker, 1982; Martinez et al., 2005). No daya de Kheneg, este inseto é muito sensível devido à localização do local perto da estrada (estrada Laghouat - Kheneg). As árvores que crescem ao longo das estradas foram mais frequentemente parasitadas pelo pulgão Forda riccobonii e tiveram mais galhas neste ambiente perturbado e em sítios artificiais do que em sítios naturais (Martinez e Wool, 2006). É também o caso da Snober. Estes ataques podem interromper o desenvolvimento dos rebentos (Martinez, 2008) e podem também induzir factores fisiológicos e alterações morfológicas nos tecidos vegetais (Tscharntke, 1989).Segundo Itzhak (2008), o afídeo (Forda riccobonii) tem um ciclo de vida complexo, formando duas galhas diferentes na árvore hospedeira. A primeira, criada pela fundatrix na primavera, é uma pequena bola vermelha (<5 milímetros) no nervo principal do folíolo; a segunda, estabelecida algumas semanas mais tarde pela descendência direta das primeiras galhas (F2), que migram para outras folhas e formam uma ordem de número variável de câmaras esféricas vermelhas articuladas nas margens do folíolo, e é dentro destas que se reproduzem. A ecologia das populações de Pistacia atlantica e os tipos de galhas observados nesta espécie foram considerados na identificação das espécies de afídeos (Martinez, 2009; Álvarez et al., 2016).

CONCLUSÃO

O nosso estudo consiste em avaliar os danos causados pelo pulgão dourado (Forda riccobonii) aos pistácios do Atlas na região de Laghouat, estimando a taxa de infestação deste pulgão e estabelecendo uma relação entre os parâmetros biométricos dos povoamentos nos três locais e os efeitos deste inseto. Os três locais apresentam povoamentos de pistácio diferentes em t e r m o s   d e dendrometria e de folhagem; o local de M'righa é o mais jovem em comparação com os outros dois locais. O número de galhas é mais elevado no daya de El Kheneg, seguido do jardim de Snobar e, por último, do sítio de M'righa. Este número está estreitamente relacionado com vários parâmetros dendrométricos, tais como a altura da árvore, a altura da copa, a altura do tronco, a largura das folhas e o comprimento dos folíolos terminais. Os nossos resultados mostraram que os pistácios da região de Laghouat estão expostos ao ataque de várias espécies de pulgões. A fauna de pulgões registada em três locais da região é composta por 03 espécies diferentes, nomeadamente: Forda riccobonii, Geoica utricularia e Smynthurodes betae. Existem vários tipos de galhas, de cor vermelha e verde, de forma esférica e articulada, com cerca de 1 cm de diâmetro, que mudam de cor com as estações do ano. No que diz respeito ao parasitismo destas espécies nos pistacheiros, os resultados mostraram que o grau de infestação dos pistacheiros por afídeos na região de Laghouat varia de um local para outro. Daya de Kheneg apresenta um nível de infestação elevado, com 14 árvores infectadas em 25, o que corresponde a uma taxa de 56%. O jardim público de Snober apresenta uma infestação moderada, com 8 árvores infectadas em 28, o que corresponde a uma taxa de 28,57%, e uma infestação baixa no jovem povoamento de pistácios do parque de atracções de M'righa; apenas 4 árvores em 26 estavam infectadas, o que corresponde a uma taxa de 15,38%. O pistácio do Atlas deve ser objeto de todos os cuidados que merece. Por conseguinte, são necessários mais estudos sobre o estado sanitário desta espécie e as pressões ambientais, bem como sobre as suas tolerâncias ecológicas e fisiológicas específicas. É igualmente essencial prosseguir a investigação sobre os afídeos em diferentes regiões, em maior escala, no pistácio, durante períodos mais longos, e estudar o número de afídeos na galha, o número de câmaras que formam a galha, analisar o habitat das galhas, a forma das galhas, o seu tamanho e seguir o ciclo de desenvolvimento do afídeo dentro da galha. Resistência das plantas (variedade) ao comportamento dos afídeos. É igualmente necessário analisar as diferentes relações entre os organismos benéficos e os afídeos como meio de controlo biológico.

REFERÊNCIAS

Benabdallah, F. (2012). Estudo morfológico d a s folhas e frutos do pistácio do atlas (Pistacia atlantica Desf) e valorização dos óleos essenciais das folhas e da oleorresina. Tese de mestrado, opção biotecnologia, Universidade Mohamed Kheider Biskra :p37

Benhassaini, H. (2007). Phytoécologie de Pistacia atlantica Desf. subs Pitacia atlantica dans le nord-ouest Algérien article scientifique, sécheresse 2007 :p199-205

Bellefontaine, R., Petit S., Pain-Orcet M., Deleporte P., Bertault JG. (2001). Árvores fora das florestas: para uma maior consideração. Cahier FAO Conservation (Roma), : 35, 214 p.

Burstein, M. & Wool, D. (1993). Os pulgões da galha não seleccionam locais de galha óptimos (Smynthurodes; Pemphigidae). Ecological Entomology, 18: 155-164

Blackman, RL. Eastop, VF (2006). Aphids on the World's Herbaceous Plants and Shrubs (Afídeos nas plantas herbáceas e arbustos do mundo). Vols 1 e 2. Wiley, Chichester e Nova Iorque :1439 pp. C. Agabi, "Daya", em Gabriel Camps (1995.) . Daphnitae - Djado, Aix-en-Provence, Edisud (" Volumes "No 15).
Boudy, P. (1952). Guide du forestier en Afrique du nord. Vol 1, Edit. La Maison rustique, Paris :509p.

Capot-Rey, R. (1937). "La région des dayas", Mélanges offerts à E.-F. Gautier : p. 107-130.

Despois, J. Estorges, P.(1949). "Morphologie du plateau Arbaa", Travaux de l'I.R.S., t. XVIII, 1957, p. 23-56 e t. XX, 1961: p. 29-77.

Chaba, B., Chraa, O. E Khichane, M. (1991). Germinação, morfogénese acinar e ritmos de crescimento do pistácio do Atlas (Pistacia atlantica Desf.). Physiology of trees and shrubs in arid and semi-arid zones (Fisiologia de árvores e arbustos em zonas áridas e semi-áridas). Grupo de estudo das árvores. Paris, França: P 465-472

Dubief, J. (1950). Evaporação e coeficientes climáticos no Saara. Ed: I. R. S., Tomo VI, Argel: 13-43pp.

Dubief, J. (1953). Ensaio sobre a hidrologia de superfície no Saara. Governo Geral da Argélia. SES C1airbois-Birmandreis. Algérie.

Dubief, J. (1959). O clima do Sara. Tomo I, Les températures. Travaux de l'Institut de Recherche Saharienne :312 p.

Dubief, J. (1963). O clima do Saara. Tomo II. Fascículo 1, Les précipitations. Trabalhos do Instituto de Investigação do Sara: 275 p.

Eastop, VF. (1971). Deduções sobre as actuais plantas hospedeiras de afídeos e insectos afins. The Royal Entomological Society of London 6: 157-178pp.

El Zerey-Belaskri1, A. e Benhassaini, H. (2015). Variabilidade morfológica das folhas em populações naturais de Pistacia atlantica Desf. subsp. atlantica ao longo do gradiente climático: novas características para atualizar a chave de Pistacia atlantica subsp. atlantica. Revista Internacional de Biometeorologia 60 (4): 577-589pp.

Estorges, P. (1961). Morfologia do planalto de Arbaa. Trov lnst Rech Sobar; Xx : 29- 75pp.

Fraval, A (2006). Pulgões. Insectos. No. 141: 3-8pp.
Godin, C, Boivin, G. (2000). Guide d'identification des pucerons dans les cultures maraîchères au Québec, Agriculture and Agri-Food Canada, 4-30pp.
Godet, J. (1988). Arbres et arbustes aux quatre saisons, Delachaux et Niestlé Paris.
Harfouche, A., Chebouti, N., Meziou e Chebouti, Y. (2005). Comportement comparé de quelques provenances algériennes de pistachier de l'Atlas introduites en réserve naturelle de Mergueb (Algérie) , forêt méditerranéenne t. XXVI, n° 2 :p135.
Iluz, D. (2011). O universo planta-afídeo. Cellular Origin, Life in Extreme Habitats and Astrobiology (Origem Celular, Vida em Habitats Extremos e Astrobiologia). 16: 91 -118pp.

Khaldi, A., Khodja, M.K. (1996). Atlas pistachio (Pistacia atlantica Desf.) no Norte de África: taxonomia, distribuição geográfica, utilização e conservação. Genetic Resources. IPGRI, Roma, Itália: 57-62pp.

Leclant, F. (1999). Les pucerons des plantes cultivées : clefs d'identification. Il cultures maraichères, INRA. Paris: 9-14pp.

Maamri, S. (2007). Etude de Pistacia atlantica de deux régions de sud Algérien

: dosage des lipides, dosage des polyphénols, essais anti leishmanies, Mém. Mag. Uni. M'hamede BOUGARA Boum : 96p

Monjauze, A. (1968). Note sur la régénération du Betoum, par semis naturels dans la place d'essai de Keflafaa. Bul. Social. História natural do Norte de África. T:56p.

Monjauze, A. (1968). Distribuição e ecologia de Pistacia atlantica Desf. Na Argélia ; Bul. Sociol. Histoire naturelle de l'Afrique du nord. 56(2): 5-128pp.

Monjauze, A. (1980). Conhecimento do Bétum (Pistacia atlantica Desf.). Revue forestière Française. Biologie et forêt. N 4 : 357-363pp.

Martinez, J. Wool, D. (2003). Resposta diferencial de árvores e arbustos ao pastoreio e à poda: os efeitos no crescimento da pistácia e nos afídeos indutores de galhas. Ecologia Vegetal 169: 285-294pp .

Martinez, J.-J Y., Mokady, O. & Wool, D. (2005). Tamanho das parcelas e qualidade das parcelas de afídeos galhadores numa paisagem em mosaico em Israel. Landscape Ecology 20: 1013- 1024pp.
Martinez, J.-J.Y. & Wool, D. (2006). Viés de amostragem em bermas de estrada: o caso dos afídeos galhadores em árvores de Pistacia. Biodiversity and Conservation 15: 2109-2121pp.

Martinez, J.-J.Y. (2008). - Impacto de um pulgão indutor de galhas em Pistacia atlantica Desf. Árvores. Arthropod-Plant Interactions, N°2 :167-151pp.

Massenet, JY.(2005). Lycée forestier - Château de Mesnières - 76270 MESNIERES-EN-BRAY: 25-65pp.

Nesson, Cl. (1967). "Evolution d'un "bétoir" dans la daïa M'rara à l'ouest de l'Oued Righ" Travaux de l'I.R.S., t. XXI: 67-77pp.

Oauphin, P. (1993). - Les Galles de France - Mém. Soc. linnéenne de Bordeaux, 2, 316p, 112pl.

Ozenda, P. (1983). Flore et végétation du Sahara. 2a ed. CNRS. Paris.624p
Robert, Y. (2008). - Afídeos, vectores de doenças virais, . Revue de zoologie agricole appliquée : 34.

Simon ., J-C, Stoeckel ., S, Tagu ., D .(2010). Estratégias reprodutivas evolutivas e funcionais dos afídeos. C.R. Biologias: 488-496pp.

Simon, J-C. (2007). Quando os pulgões se socializam. Biofutur: 13-39pp.

Quézel, P. e Médail, F. (2003). Ecologia e biogeografia das florestas mediterrânicas. ELSEVIER, Paris :11-31pp.

Riedacker, A. (1993). Physiology of trees and shrubs in arid and semi-arid zones, 489p.

Saadoun, N. (2005). Tipos estomatais do género Pistacia: Pistacia atlantica Desf. ssp. atlantica e Pistacia lentiscus L. Options méditerranéennes, series A 369-71pp.

Roland, J.-C., Roland F., El Maarouf-Bouteau H. e Bouteau F. (2008). Atlas Biologie végétale, 2. Organisation des plantes a fleurs. Ed. Dunod, Paris, 144p.

Rouvinen, S. e Kuuluvainen, T. (1997). Estrutura e assimetria das copas das árvores em relação à competição local numa floresta natural de pinheiros silvestres maduros. Canadian Journal of Forest Research, vol. 27 : 890- 902pp.

Taïbi, AN. (1997). Le piémont sud du djebel Amour (Af/os saharien, A/gériel: opport de la télédéfection sate//ifaire à /'étude d'un milieu en dégradation. Tese de doutoramento do novo regime, Universidade de Paris-VII, 310 p.

Wertheim, G. (1954). Estudos sobre a biologia e a ecologia dos afídeos produtores de galhas da tribo Fordini (Homoptera: Aphidoidea) na Palestina. Transactions of the Royal Entomological Society of London: 79-96pp.

Wool, D. (1995). Galhas induzidas por afídeos em Pistacia na floresta mediterrânica natural da Palestina: quais, onde e quantas. Israel Journal of Zoology 41: 591-600.

Wool, D. (2005). Afídeos indutores de galhas: biologia, ecologia e evolução. Em: Raman, R., Schaefer, C.W. & Withers, T.M. (Eds.), Biology, Ecology, and Evolution of Gall- inducing Arthropods p. 73-132. Science Publishers Inc. Enfield, New Hampshire, Reino Unido. 817 pp.

Wool, D. & Burstein, M. (1991). Um pulgão galhador com complexidade extra no ciclo de vida: ecologia populacional e considerações evolutivas. Researches on Population Ecology,: 307-322pp.

Wool, D. & Bogen, R. (1999). Ecologia do pulgão formador de galhas, Slavum wertheimae, em Pistacia atlantica: dinâmica populacional e herbivoria diferencial. Journal of Zoology 45:247-260pp.

Yaaqobi, A. El Hafid ., L. e Haloui ., B. (2009). Etude biologique de Pistacia atlantica Desf. de la région orientale du Maroc, Biomatec Echo, 3 : 39-49pp.

Zohary, M. (1952). Um estudo monográfico do género Pistacia. Palestine Journal of Botany, Jerusalem Series 5:187-228pp.

Zucker, W. (1982). How Aphids Choose Leaves: The Roles of Phenolics in Host Selection by a Galling Aphid. Ecology, Vol. 63, No. 4: 972-981pp.

I want morebooks!

Buy your books fast and straightforward online - at one of world's fastest growing online book stores! Environmentally sound due to Print-on-Demand technologies.

Buy your books online at
www.morebooks.shop

Compre os seus livros mais rápido e diretamente na internet, em uma das livrarias on-line com o maior crescimento no mundo! Produção que protege o meio ambiente através das tecnologias de impressão sob demanda.

Compre os seus livros on-line em
www.morebooks.shop

Printed by Books on Demand GmbH, Norderstedt / Germany